Michael Pryzbek
Jian Liu

Consumo de energia e massa corporal em crianças com e sem DCD

Michael Pryzbek
Jian Liu

Consumo de energia e massa corporal em crianças com e sem DCD

Não devemos ignorar o consumo de energia na Perturbação do Desenvolvimento da Coordenação

ScienciaScripts

Imprint
Any brand names and product names mentioned in this book are subject to trademark, brand or patent protection and are trademarks or registered trademarks of their respective holders. The use of brand names, product names, common names, trade names, product descriptions etc. even without a particular marking in this work is in no way to be construed to mean that such names may be regarded as unrestricted in respect of trademark and brand protection legislation and could thus be used by anyone.

Cover image: www.ingimage.com

This book is a translation from the original published under ISBN 978-3-659-86019-5.

Publisher:
Sciencia Scripts
is a trademark of
Dodo Books Indian Ocean Ltd. and OmniScriptum S.R.L publishing group

120 High Road, East Finchley, London, N2 9ED, United Kingdom
Str. Armeneasca 28/1, office 1, Chisinau MD-2012, Republic of Moldova, Europe
Printed at: see last page
ISBN: 978-620-8-31524-5

Índice

Resumo

Objetivo

Determinar se existe uma associação entre o consumo de energia (EI) e o estado de excesso de peso ou obesidade (OWOB) em crianças com e sem provável perturbação do desenvolvimento da coordenação (p-DCD).

Métodos

Foram incluídas 1905 crianças. O Teste de Proficiência Motora de Bruininks-Oseretsky foi utilizado para avaliar a DCP, o índice de massa corporal para o OWOB e o Questionário de Frequência Alimentar de Harvard para a IE. Foram efectuados testes comparativos e regressões logísticas.

Resultados

A IE relatada foi semelhante entre crianças com DCP e sem DCP entre os rapazes (2291 vs. 2281 kcal/dia, p=0,917), mas muito mais baixa nas crianças com DCP em comparação com as raparigas sem DCP (1745 vs. 2068 kcal/dia, p=0,007). A IE foi negativamente associada ao OWOB apenas nas raparigas (OR: 0,82 (0,68, 0,98)).

Conclusões

As raparigas com PCD têm uma IE mais baixa em comparação com as raparigas sem PCD. A IE está negativamente associada ao OWOB nas raparigas com p-DCD. É necessária investigação futura para avaliar longitudinalmente o potencial impacto da IE no OWOB nesta população.

Agradecimentos

Gostaria de manifestar o meu apreço à Faculdade de Ciências da Saúde Aplicadas pelo seu apoio e assistência neste programa. Gostaria particularmente de agradecer ao meu supervisor, Dr. Jian Liu, pelas inúmeras horas que investiu em mim para este projeto durante as nossas reuniões semanais, bem como pela sua bondade e paciência. Gostaria de agradecer ao Dr. Paul LeBlanc pela sua visão útil no domínio da nutrição para a minha tese. Agradeço também ao Dr. Brent Faught e ao Dr. John Hay pelos seus conhecimentos extraordinários nas áreas da inatividade física e da proficiência motora. Quero agradecer ao comité por me ter ajudado a organizar a minha tese e a melhorar as minhas capacidades de escrita. Estou grato por ter o Dr. Freudenheim como meu examinador externo. Estou muito feliz por ter tido um apoio tão grande não só do meu comité, mas também dos meus amigos e familiares.

Capítulo 1: Introdução

1.1Preâmbulo

A D perturbação do desenvolvimento da coordenação motora (DCD) é uma perturbação do desenvolvimento neurológico caracterizada por uma perturbação significativa da coordenação motora (American Psychiatric Association, 1994; Kirby et al., 2008). A provável DCD (p-DCD) é um termo utilizado em vários estudos para classificar a DCD quando as normas de referência para diagnosticar a doença não são completamente cumpridas. As crianças com DCD lutam com o funcionamento social e académico como consequência do seu desenvolvimento motor prejudicado (American Psychiatric Association, 1994; Silman et al., 2011). A prevalência da DCD varia entre 1,8 e 9%, sendo mais comummente relatada em 6% em crianças com idades compreendidas entre os 9 e os 11 anos (Lingam et al., 2009; American Psychiatric Association, 1994; Kadesjo & Gillberg, 1999; Cermak & Larkin, 2002; Gaines et al., 2008). O estudo mais definitivo na determinação da prevalência da perturbação foi realizado por Lingam et al. (2009). Neste estudo, os autores encontraram uma prevalência de DCD de 3%. Devido às dificuldades motoras nas actividades diárias típicas, estas crianças tendem a evitar a participação em brincadeiras livres e organizadas, em jogos sociais e desportos (Cairney et al., 2005; Cairney, 2007; Silman et al., 2004). O seu afastamento da atividade física coloca-as em risco acrescido de obesidade e de outros factores de risco cardiovascular (Faught, et al., 2005).

1.2Fundamentação do estudo

Em conjunto, o gasto energético e a ingestão de energia têm um maior impacto na gestão da massa corporal do que o gasto energético isolado (Rippe & Hess, 1998). Embora esteja bem documentado que as crianças com DPCD correm um maior risco de ficarem com excesso de peso ou obesas, em parte devido à inatividade física (menor dispêndio de energia), os investigadores não consideraram a ingestão de energia nesta população. O desequilíbrio entre a ingestão de energia e o gasto energético está associado à adiposidade (Jago, et al., 2004) e, com o tempo, o excesso de alimentação leva ao ganho de peso e ao aparecimento da obesidade entre os adolescentes (Sonneville et al., 2013). Sabe-se que o aumento da inatividade está associado ao aumento da massa corporal em crianças com p-DCD, no entanto, a ingestão de energia não foi considerada.

1.3Objetivo

O objetivo deste estudo é determinar se existe uma associação entre a ingestão de energia e a massa corporal em crianças com e sem p-DCD.

Capítulo 2: Revisão da literatura

A revisão da literatura que se segue será organizada por dois pilares (secções) que são o estado de excesso de peso ou obesidade (OWOB) e a DCPD. As informações relativas exclusivamente a estas variáveis serão ramificadas em subsecções. Algumas subsecções podem sobrepor-se; no entanto, a sua contribuição para os pilares será única neste estudo. Por exemplo: a inatividade física é uma subsecção tanto do OWOB como da p-DCD, uma vez que está relacionada com eles de forma diferente.

2.1Estado de excesso de peso ou obesidade

2.1.1 Estado de excesso de peso ou obesidade Antecedentes

É importante estudar a OWOB porque esta condição conduz a problemas de saúde graves mais tarde na vida, como as doenças cardiovasculares na idade adulta (Lavie et al., 2009). Embora não tenha havido muita investigação sobre os efeitos cardiovasculares da obesidade nas crianças, a obesidade infantil é uma questão muito importante, uma vez que as crianças com OWOB têm o fator de risco de desenvolver problemas de saúde cardiovascular mais tarde (Bridger, 2009). A OWOB é uma condição caracterizada pelo excesso de gordura corporal. A localização desta gordura também é importante. A gordura visceral, em comparação com a subcutânea, representa um maior risco de doença cardiovascular (Huang et al., 2001). Em crianças, a gordura visceral tem sido positivamente associada a vários problemas metabólicos, como a insensibilidade à insulina e o baixo nível de colesterol de lipoproteínas de alta densidade (Gower et al., 1999).

O OWOB na infância é importante, uma vez que a condição é suscetível de se prolongar até à idade adulta. Mais de 80% das crianças e adolescentes com OWOB continuarão a ter OWOB na idade adulta (Guo & Chumlea, 1999; Liu et al., 2012; Freedman wt al., 2001). Num estudo de coorte de 22 anos, Herman et al. (2009) descobriram que a probabilidade de ter excesso de peso na idade adulta era 6,2 vezes maior (IC 95%: 2,2, 17,2) em jovens com excesso de peso em comparação com jovens com peso normal com idades entre os 7 e os 18 anos. Além disso, a prevalência de OWOB é bastante elevada nas crianças canadianas. Investigadores da Statistics Canada descobriram que 32% das crianças canadianas com idades compreendidas entre os 5 e os 17 anos tinham excesso de peso ou eram obesas, e não havia diferenças entre os géneros na prevalência (Roberts et al., 2012). Estas conclusões são importantes em termos de implementação de estratégias preventivas contra a obesidade nos nossos jovens.

2.1.2 Medição do estado de excesso de peso ou obesidade

O índice de massa corporal (IMC) é um indicador comum do OWOB. É calculado com base no peso e na altura (peso (kg)/altura (m^2)). A utilização do IMC é simples, rápida, económica e não requer tanta formação para os assistentes de investigação em comparação com outros métodos, como a pesagem hidrostática. Atualmente, o IMC é amplamente recomendado para uso pediátrico (Semiz et al., 2007; Barlow & Dietz, 1998; Prentice, 1998). Com base na investigação de Cole et al. (2000), os valores de corte do IMC para o excesso de peso em crianças com idades compreendidas entre os 11 e os 14 anos são 21,5 e 22,0 kg/m^2 para rapazes e raparigas, respetivamente. Os pontos de corte para a obesidade são 25,6 e 26,3 kg/m^2 para rapazes e raparigas, respetivamente. A utilização do IMC tem as suas desvantagens. Por exemplo, não é uma boa estimativa da gordura corporal nas crianças, não só porque não mede a composição, mas também porque não tem em conta as diferentes taxas de crescimento e níveis de maturidade (Maynard at., 2001).

As medições da espessura das pregas cutâneas são outro substituto do OWOB. Neste método, uma pitada de pele é medida com um compasso de calibre em vários pontos do corpo, como a zona do tríceps, para determinar a espessura da camada de gordura subcutânea. Em seguida, são utilizadas equações para converter estas medições numa estimativa da percentagem de gordura corporal. As vantagens deste método incluem: não ser dispendioso, ser rápido e ser pouco oneroso para os investigadores e para os participantes. No entanto, este método tem várias desvantagens. Semiz et al. (2007) descobriram que as técnicas de pregas cutâneas têm pouca validade em crianças obesas. Outros problemas incluem: incapacidade de controlar a variação inter e intra-sujeitos na compressibilidade da prega cutânea, incapacidade de palpar a interface músculo-gordura e impossibilidade de obter medidas interpretáveis em participantes obesos (Himes et al., 1979; Haymes et al., 1976).

O rácio cintura/quadril (RCQ) é outra medida indireta do OWOB. O WHP é o rácio entre o perímetro da cintura e o perímetro da anca de um indivíduo. Este método é económico, rápido e simples, mas tem várias desvantagens. Por exemplo, a RCQ em crianças e adolescentes pode não ser um bom índice para mostrar a deposição de gordura intra-abdominal (Semiz et al., 2007). Além disso, não existe correlação entre a RCQ e a gordura visceral em crianças (Goran et al., 1995; Fox et al., 1993).

O perímetro da cintura (PC) é outra medida indireta do OWOB. É a distância circular à volta da cintura, normalmente medida em cm ou polegadas. As vantagens da utilização da CC incluem: rapidez, simplicidade, inexpensividade e uma forte correlação (r=0,8) com a adiposidade visceral (Brambilla et al., 2006). A CC tem o mesmo problema que o IMC, uma vez que não pode medir diretamente a composição (e não pode diferenciar entre massa magra e gorda).

Existe uma discrepância na literatura sobre se a CC é ou não superior ao IMC na identificação de excesso de peso e obesidade em populações jovens. Neovius et al. (2005) compararam a capacidade da CC e do IMC para detetar a adiposidade em 474 adolescentes, utilizando a pletismografia por deslocamento de ar como teste de referência, e concluíram que a CC era melhor do que o IMC. No entanto, Reilly et al. (2010) verificaram que a utilização da CC em vez do IMC não tem qualquer vantagem na deteção de massa gorda elevada em 7722 crianças com idades entre os 9 e os 10 anos, utilizando a absorciometria de raios X de dupla energia (DXA) como teste de referência. Neste estudo, a especificidade e os valores preditivos positivos e negativos foram mais elevados para o IMC. Num estudo de Lazarus et al. (1996), o IMC foi utilizado para identificar crianças com excesso de peso e obesas com base na percentagem de gordura corporal. Os investigadores concluíram que o IMC tinha uma sensibilidade elevada (95-100%), mas uma especificidade baixa e moderada (36-66%). A DXA, a pesagem hidrostática (o padrão de ouro, mas não tão exacta como a DXA), a pletismografia de corpo inteiro com deslocamento de ar e outras técnicas dispendiosas são formas precisas de medir a gordura corporal e o OWOB. Embora estas técnicas sejam muito precisas, o IMC e a CC são medidas substitutas mais viáveis do OWOB em grandes estudos epidemiológicos.

O OWOB é uma condição em que os indivíduos acumulam uma quantidade excessiva de gordura corporal com base em vários gráficos padronizados. Infelizmente, não existe um consenso claro sobre um ponto de corte do IMC ou da CC para o OWOB em crianças e adolescentes (Dehgan et al., 2005). No entanto, a utilização do percentil 85th e 95th para identificar o excesso de peso e a obesidade, respetivamente, é muito comum na literatura e recomendada por vários investigadores (Barlow & Dietz, 1998; Cole et al., 2000; Flodmark, 2004).

O IMC e a CC são as medidas de substituição adequadas do OWOB em grandes estudos de campo. Na literatura, têm mais mérito do que as medições das pregas cutâneas e a RCQ. Embora não meçam a composição ou não sejam tão objectivos como métodos melhores, como a pesagem hidrostática, são mais viáveis e realistas para grandes estudos de campo.

2.1.3 Consumo de energia

A ingestão de energia é o consumo de calorias (energia) a partir de fontes de alimentos e bebidas, e é essencial para a sobrevivência. Com base nas DRI (Dietary Reference Intakes) da Health Canada, os rapazes e as raparigas com idades compreendidas entre os 9 e os 13 anos devem consumir aproximadamente 1800 e 1600 kcal/dia, respetivamente, sendo 45-65% provenientes de hidratos de carbono, 10-30% de proteínas e 25-35% de gorduras. Estes valores de ingestão energética foram calculados para raparigas dos 9 aos 13 anos de idade, utilizando a altura mediana de 1,44 m e o peso de 37 kg. Nos rapazes, a mediana da altura e do peso foi de 1,44 m e 36 kg, respetivamente. O nível de atividade física sedentária foi também assumido nestes cálculos para ambos os sexos. Durante a puberdade e a maturação, as crianças e os adolescentes aumentam o consumo de energia, uma vez que necessitam de mais energia para o desenvolvimento e a maturação do seu corpo (Shomaker et al., 2010; Story, 1992; Bitar et al., 2000; Sun, Gower et al., 2001).

Quando se trata de medir a ingestão de energia, os questionários de frequência alimentar (QFA) são medidas de substituição muito comuns na literatura. Um QFA é um inquérito alimentar de grande dimensão, auto-administrado, que pede ao inquirido que indique a frequência do consumo de alimentos e bebidas a longo prazo. Exemplos de QFA comuns incluem: o Block Questionnaire e o Harvard FFQ. Apresentam coeficientes de correlação moderados com outras medidas de consumo de energia, tais como registos de dieta e recordatórios de 24 horas, que serão discutidos mais adiante (Thompson & Byers, 1994), variando entre 0,4 e 0,7. O Harvard FFQ, desenvolvido por Walter Willett, é um inquérito semi-quantitativo com 147 perguntas, habitualmente utilizado em grandes estudos epidemiológicos. Este questionário foi validado (Willett, 2001; Willett et al., 1985). As vantagens deste método incluem: simplicidade, inexpensividade, baixa carga para o participante, fácil introdução e análise de dados e rapidez. As limitações do QFA incluem: viés de recordação, viés de desejabilidade social, subjetividade na estimativa do tamanho das porções, autoadministração e necessidade de um grau moderado de literacia e de competências numéricas (Hill & Davies, 2001; Gazzangia & Burns, 1993).

Outra forma de recolher informações sobre a ingestão de energia consiste em utilizar registos de ingestão (Trumble-Waddell et al., 1998). Os registos de ingestão são uma lista de todos os alimentos e bebidas consumidos durante três a sete dias. Uma grande vantagem deste método é o facto de ser mais representativo das dietas dos indivíduos em comparação com outros métodos, como o QFA, uma vez que o registo é feito durante um período de tempo mais longo e inclui dias de semana e fins-de-semana. As desvantagens incluem: sobrecarga para o participante, diminuição da motivação do participante para registar diligentemente ao longo do tempo, enviesamento da recordação, custo elevado e erros de codificação e de introdução de dados.

O registo de 24 horas é outro método para avaliar o consumo de energia. Neste método, profissionais de nutrição formados entrevistam os participantes e registam tudo o que consumiram nas últimas 24 horas. As vantagens deste método incluem: pouca carga para o participante, rapidez e requisitos mínimos de literacia do participante. As desvantagens dos registos de 24 horas incluem: não são representativos da ingestão habitual, enviesamento da recordação e custos elevados devido à elevada carga do entrevistador.

Outra medida comum do consumo de energia é o historial alimentar. Este método é semelhante a um registo de 24 horas, na medida em que um profissional de nutrição treinado entrevista o participante. Uma das principais vantagens deste método é a recolha de informações sobre alergias, utilização de suplementos e padrões alimentares diários e sazonais. Outras vantagens incluem: competências mínimas de literacia do participante, obtenção de detalhes de itens alimentares individuais e precisão razoavelmente elevada. As desvantagens da história da dieta incluem: custo elevado, encargos para os investigadores, os dados resultantes dependem muito das competências do entrevistador e encargos para o participante, uma vez que as sessões são muito longas (mais de uma hora).

O QFA é o método mais adequado para a recolha de dados sobre a ingestão de energia em grandes estudos de campo (Keshteli et al., 2014). As recordações de 24 horas e a história da dieta são métodos melhores devido ao menor viés de recordação e subnotificação, no entanto, não são viáveis para este tipo de estudos. O Harvard FFQ, por exemplo, foi validado e a sua simplicidade, rapidez e simplicidade tornam-no ideal para grandes estudos de campo (Keshteli et al., 2014).

A relação entre a ingestão de energia e o OWOB é importante. A ingestão excessiva de energia pode conduzir ao OWOB se o dispêndio de energia for baixo (Bowman & Vinyard, 2004; McCory et al., 2002). Por conseguinte, a ingestão de energia está positivamente associada ao peso corporal (ou OWOB). No entanto, muitos investigadores encontraram associações negativas entre a ingestão de energia e o OWOB ou a massa corporal em crianças com idades compreendidas entre os 10 e os 14 anos (Skinner et al., 2012; Rocandio et al., 2001; Bandini et al., 1999; Llunch et al., 2000; Tucker et al., 1997; Stewart et al., 1999; Garaulet et al., 2000; Ritchie, 2012; Fabry et al., 1966). O resumo destes estudos encontra-se no Apêndice D. Estes autores verificaram que quanto maior o consumo de energia, menor a massa corporal ou OWOB. Se todos os factores se mantiverem constantes, como o gasto energético, é biologicamente implausível que uma maior ingestão de energia conduza a uma menor massa corporal ou OWOB. Por conseguinte, nestes estudos, ou o dispêndio de energia não foi suficientemente medido ou a ingestão de energia não foi medida com exatidão. O mais notório nestes estudos é que a inatividade física e a taxa metabólica em repouso não foram consideradas. Uma limitação comum da metodologia dietética em grandes estudos de campo é a subnotificação, especialmente em crianças com excesso de peso e obesas (Gazzangia & Burns, 1993; Johnson-Down et al., 1997). Outra razão potencial para encontrar associações negativas em estudos transversais é o momento do início da obesidade (Skinner et al., 2012). Neste cenário, algumas crianças são OWOB durante o tempo do estudo, mas eles decidiram reduzir a ingestão de energia antes do estudo na tentativa de perder peso. Isto significa que, embora estejam atualmente OWOB, estão na verdade (e inesperadamente) a comer menos. Esta questão pode ser resolvida através de estudos longitudinais, uma vez que é possível seguir o consumo de energia e os padrões de OWOB ao longo do tempo.

2.1.4 Inatividade física como indicador do dispêndio de energia

O dispêndio de energia é a soma do calor interno produzido e do trabalho externo. Devido a um maior conteúdo muscular, o gasto energético é mais elevado nas crianças com OWOB do que nas crianças com peso normal (Maffeis et al., 1994; Maffeis et al., 1996; Yu et al., 2002) e nos rapazes em comparação com as raparigas (Bitar at al., 2000; Hoffman et al., 2000). A atividade física é responsável por 15-30% das despesas, aproximadamente 70% provêm da taxa metabólica de repouso (RMR) e 10% do efeito térmico dos alimentos (van Baak, 1999). A investigação demonstrou que as crianças com OWOB têm uma RMR mais elevada do que as crianças com peso normal, tanto nos rapazes como nas raparigas, devido à maior quantidade de massa muscular (Epstein et al., 1989; Yu et al., 2002). No entanto, não se verificaram diferenças na RMR entre rapazes e raparigas, independentemente da categoria de peso (Epstein et al., 1989; Yu et al., 2002; Haffman et al., 2000). Os rapazes gastam mais energia do que as raparigas, uma vez que têm níveis mais elevados de atividade física (Melby et al., 1993). Os investigadores levantaram a hipótese de que, uma vez que a atividade física aumenta a massa muscular, pode aumentar a RMR (Goran et al., 1999; Poehlam, 1993; Speakman & Selman, 2003). No entanto, todo o quadro do balanço energético deve ser revisto, especialmente a possibilidade de que uma mudança num componente do gasto energético possa resultar numa mudança compensatória noutros componentes e em mudanças na ingestão de energia (Goran et al., 1999). Além disso, o aumento hipotético da RMR depende de vários outros factores, como a genética e a duração, intensidade, tipo e frequência da atividade (Speakman & Selman, 2003; Poehlman, 1989).

A atividade física é qualquer movimento corporal produzido pelos músculos esqueléticos que requer um gasto de energia (OMS, 2010). É muito importante porque tem muitos benefícios para a saúde, incluindo: fortalecer os músculos, reforçar o sistema imunitário e ajudar a prevenir a obesidade e as doenças cardiovasculares (Stampfer et al., 2000; Hu et al., 2001). A inatividade física, um importante fator determinante da obesidade (OMS, 1998; Jolliffe, 2004; Tremblay & Willms, 2000), é uma atividade física insuficiente. As crianças canadianas que não cumprem a diretriz de atividade física de pelo menos 60 minutos de atividade física moderada a vigorosa por dia são fisicamente inactivas (Colley et al., 2011). É mais importante considerar a inatividade física do que a atividade física, uma vez que está mais relacionada com problemas de saúde, como o OWOB (Pietilainen et al., 2008). É também por esta razão que a maioria dos investigadores utiliza a inatividade física em vez da atividade física na literatura. A atividade física e a inatividade não podem determinar a quantidade de energia gasta, mas são medidas de substituição do gasto energético. Os questionários de atividade física foram validados como indicadores do dispêndio de energia em relação à água duplamente marcada (Starling et al., 1999; Staten et al., 2001).

A inatividade física é o quarto principal fator de risco de mortalidade a nível mundial, causando aproximadamente 3,2 milhões de mortes (OMS, 2010). A grande maioria das crianças é inativa. Menos de 10% das crianças e jovens canadianos cumprem as diretrizes actuais acima indicadas (Colley et al., 2011). A inatividade física está positivamente associada ao OWOB devido a um desequilíbrio entre a ingestão e o gasto de energia (Daniels et al., 2005). Aqueles que são fisicamente inactivos na infância tendem a permanecer inactivos durante a idade adulta (Biddle, Gorely, & Stensel, 2004). Por isso, é importante encontrar formas de reduzir a inatividade física no início da infância.

A inatividade física é difícil de medir porque alguns métodos comuns têm problemas de precisão e fiabilidade. Muitas vezes, são utilizados questionários em vez de acelerómetros ou pedómetros. Infelizmente, os acelerómetros e os pedómetros só medem a atividade física quando são usados e usados corretamente. As crianças praticam atividade física mesmo quando retiram estes dispositivos, por exemplo, quando praticam desportos de contacto ou tomam banho. Algumas crianças não usam corretamente os dispositivos. Por conseguinte, a atividade pode ser subestimada. Além disso, os pedómetros só medem os passos dados durante algumas actividades, como correr ou caminhar. Não funcionam para outras actividades, como andar de bicicleta.

Os questionários são métodos comuns de medição da inatividade física. Estes instrumentos são utilizados para recolher informações, tais como o tempo passado a ver televisão ou a jogar jogos de vídeo. As vantagens destes instrumentos incluem: pouca carga para os participantes, recolha e análise simples dos dados, baixo custo e rapidez. As desvantagens dos questionários incluem: viés de memória, viés de desejabilidade social, incapacidade de estimar o dispêndio de energia e subjetividade. Um instrumento abrangente utilizado na literatura é o Questionário de Participação (PQ), um questionário de 61 itens que pede às crianças que comuniquem os seus níveis de participação em actividades recreativas sazonais, brincadeiras nos tempos livres e várias actividades desportivas. Este questionário tem uma forte validade de construção e uma boa fiabilidade teste-reteste (Hay, 1992; Hay, 1999). Outro instrumento de medida comum utilizado em estudos de campo é o Godin Leisure-Time Exercise Questionnaire (Godin & Shephard, 1985), que foi previamente validado (Sallis et al., 1993). Neste questionário, as crianças registam a quantidade de tempo despendido em três níveis diferentes de actividades físicas durante os últimos sete dias. O Australian Physical Activity Recall Questionnaire, que avalia o tipo de atividade, a frequência e a duração da atividade física, é outro questionário que foi previamente validado por Booth et al. (2002).

Os questionários são métodos adequados para medir a inatividade física em grandes estudos de campo. Embora os acelerómetros sejam instrumentos mais objectivos, não são viáveis para estes estudos. Por conseguinte, os questionários, como o PQ, são instrumentos razoáveis para medir a inatividade física em grandes estudos epidemiológicos.

A associação positiva entre a inatividade física e o OWOB foi estabelecida na literatura. O comportamento sedentário (principalmente ver televisão) tem sido positivamente associado à adiposidade e ao aumento excessivo de peso nos jovens (Danner, 2008; Rey-Lopez et al., 2008; Must & Tybor, 2005). Fulton et al. (2009) incluíram uma amostra de crianças com idades compreendidas entre os 10 e os 18 anos e utilizaram um questionário para medir o tempo despendido em atividade física moderada a vigorosa (AFMV). Os investigadores verificaram que quanto menor era a AFMV, maior era o IMC. Além disso, é importante considerar a inatividade física quando se estuda o OWOB.

2.1.5 Maturidade

Durante o desenvolvimento pubertário ocorrem muitas mudanças e processos.

Por exemplo, verifica-se um aumento da secreção da hormona do crescimento, do fator de crescimento semelhante à insulina I, das gonadotrofinas e das hormonas esteróides sexuais (Smith et al., 1989; Albertsson-Wikland, 1997). Durante este período, as crianças tendem a aumentar a ingestão de energia, uma vez que o seu corpo exige mais energia para o desenvolvimento e a maturação (Shomaker et al., 2010). Além disso, o seu gasto energético aumenta devido às alterações corporais que ocorrem (Bitar et al., 2000). A puberdade é caracterizada por rápidas mudanças físicas no tamanho, forma e composição do corpo, tanto nos rapazes como nas raparigas (Siervogel et al., 2003). Durante a puberdade, ocorrem alterações na composição corporal, como o aumento da massa isenta de gordura (FFM) e a diminuição do teor de gordura corporal, principalmente nos rapazes, e o aumento do teor de gordura nas ancas e nos seios das raparigas (Smith et al., 1989; Malina & Bouchart, 1991; Roemmich et al., 1998). Estas alterações traduzem-se em mudanças no IMC, mas existem diferenças entre os géneros (Kaplowitz et al., 2001, Wang et al., 2002; Vizmanos & Marti-Henneberg, 2000). As raparigas que entram na puberdade mais cedo tendem a ter um IMC mais elevado (Kaplowitz et al., 2001; Wang et al., 2001), enquanto os rapazes que entram na puberdade mais cedo tendem a ter um IMC mais baixo (Wang et al., 2002; (Wang, 2002; Vizmanos & Marti-Henneberg, 2000). Por conseguinte, quando se estuda o OWOB, é importante ter em conta as diferenças de maturidade.

Durante a puberdade, existe um dimorfismo sexual acentuado nas relações entre a idade, o crescimento e a maturação sexual (Shomaker et al., 2010). As raparigas normalmente iniciam um crescimento linear rápido ao mesmo tempo que o seu primeiro aparecimento de desenvolvimento mamário (Tanner breast stage 2). Normalmente, completam a maior parte do seu crescimento linear aos 13 anos de idade, antes de completarem o desenvolvimento mamário (estádio mamário 5 de Tanner). Os homens normalmente atingem o pico da velocidade de crescimento linear mais tarde no desenvolvimento pubertário do que as raparigas.

A velocidade de pico da estatura (VAP) é uma medida de substituição da maturidade. Reflecte a velocidade máxima de crescimento da estatura durante a adolescência e é mais elevada nas crianças em fase inicial de maturação (Tanner & Davies, 1985). A velocidade da altura da idade ao pico (VAPP) é utilizada para prever a distância a que um indivíduo se encontra do pico da velocidade da altura. Para calcular a VPA, são necessários o género, a idade, a altura, a altura sentada, o comprimento das pernas e o peso. Existe um viés de medição na forma como o comprimento da perna é calculado, que será discutido mais adiante. O APHV não mede o desenvolvimento sexual como os estádios de Tanner, no entanto, está relacionado com a puberdade, uma vez que é um indicador da maturidade dos adolescentes. O APHV está correlacionado com a idade de Tanner no estádio 2 dos testículos ou no estádio 2 dos seios (Val Abbassi, 1998; Tanner & Whitehouse, 1976).

2.1.6 Residência e género

Um fator ambiental para o OWOB que pode influenciar o dispêndio de energia é a localização geográfica (ambiente urbano ou rural). A literatura é ambivalente no que respeita à existência ou não de uma diferença no OWOB entre crianças urbanas e rurais. Alguns estudos concluíram que as crianças das zonas rurais são mais OWOB do que os seus pares das zonas urbanas (Liu et al., 2008; Belfort et al., 2012), em parte devido a uma maior inatividade física, uma vez que estas crianças têm maior probabilidade de receber transporte para a escola (Plotnikoff et al., 2004). Outros estudos encontraram o oposto ou não encontraram diferenças (Hodgkin et al., 2010; Booth et al., 2002; Bruner et al., 2008). Independentemente de haver ou não uma diferença entre crianças rurais e urbanas, é importante ter em conta a localização geográfica quando se estuda o OWOB.

É importante ter em conta o género quando se estuda a obesidade. Existe uma diferença de género na prevalência de OWOB, tal como descrito na secção de antecedentes em 2.1.1. Em todas as idades, entre crianças e adolescentes, as raparigas tendem a ter um IMC mais elevado do que os rapazes, mas após o ajuste por género, os rapazes tendem a ter mais excesso de peso ou obesidade (Cole et al., 2000). Utilizando o IMC, Garaulet et al. (2000) descobriram que, entre 331 adolescentes com idades compreendidas entre os 14 e os 19 anos, a prevalência do estado de excesso de peso ou obesidade nos rapazes era de 48%, em comparação com apenas 31% nas raparigas. Utilizando os pontos de corte do IMC de Cole et al. (2000), Lobstein & Jackson-Leach (2007) efectuaram uma análise semelhante entre crianças com idades compreendidas entre os 12 e os 17 anos. Os autores encontraram uma prevalência ligeiramente superior de OWOB nos rapazes em comparação com as raparigas. As prevalências de excesso de peso e obesidade foram de 23% e 15% nos rapazes, respetivamente, em comparação com 21% e 13% nas raparigas.

2.2Provável perturbação do desenvolvimento da coordenação

2.2.1 Perturbação do Desenvolvimento da Coordenação Antecedentes

A perturbação do desenvolvimento da coordenação (DCD) é uma perturbação do neurodesenvolvimento caracterizada por um comprometimento significativo das capacidades motoras (American Psychiatric Association, 1994; Kirby et al., 2008) que interfere com as actividades diárias (Gibbs et al., 2007; Kadesjo & Gillberg, 1999). A consciência da deficiência motora foi documentada já em 1925 por Dupre, que se referiu a *debilite motrice* (deficiente motor) ao descrever a condição (Dupre, 1925). As crianças com DCD foram pejorativamente rotuladas como desajeitadas e desajeitadas (Orton, 1937). Além disso, a condição foi referida como *falta de jeito congénita* por Collier (Ford, 1966; Vaivre-Douret, 2007). As deficiências motoras congénitas são geralmente designadas por dispraxia, uma perturbação constitucional do desenvolvimento que envolve deficiências na aprendizagem ou na realização de tarefas motoras não habituais (Vaivre-Douret et al., 2011). Este termo é frequentemente utilizado como sinónimo de DCD e muitas vezes considerado como sinónimo por neuropsicólogos, neurologistas e médicos.

Tem havido confusão e inconsistência na literatura devido à terminologia pouco clara da DCD. A perturbação parece ser um conjunto de condições que não apresentam sinais e sintomas clínicos claramente definidos ou qualquer perturbação específica no âmbito das definições de outras perturbações do desenvolvimento, como o autismo ou a perturbação de défice de atenção (Vaivre-Douret et al., 2011). Depois de uma reunião de consenso em 1994, o termo DCD foi selecionado para descrever indivíduos com um comprometimento significativo das capacidades motoras finas e grossas (American Psychiatric Association, 1994; Gueze, 2007). Este termo consta do Manual de Diagnóstico e Estatística das Perturbações Mentais (American Psychiatric Association, 2000) e da Classificação Internacional de Doenças e Problemas Relacionados com a Saúde (Organização Mundial de Saúde, 1992). A DCD é o termo mais recente, formal e amplamente utilizado para descrever indivíduos com esta condição (Kirby et al., 2008; Polatajko & Cantin, 2005). O Manual de Diagnóstico e Estatística das Perturbações Mentais, Quinta Edição (DSM5) define a DCD como uma perturbação motora na categoria das perturbações do neurodesenvolvimento (American Psychiatric Association, 2013).

A DCD é uma perturbação das capacidades motoras que prejudica o desenvolvimento da coordenação motora (American Psychiatric Association, 1994). As capacidades motoras das crianças com DCD são muito inferiores às dos seus pares (American Psychiatric Association, 2000) na ausência de co-morbilidades, tais como paralisia cerebral, deficiências intelectuais, doenças tóxicas e teratogénicas, doenças malignas e doenças inflamatórias do cérebro (Blank et al., 2012). Há quatro critérios do DSM5 envolvidos no diagnóstico da DCD, que incluem:

A) A aquisição e a execução de habilidades motoras coordenadas estão abaixo do que seria de esperar numa determinada idade cronológica e oportunidade de aprendizagem e utilização de habilidades; as dificuldades manifestam-se como falta de jeito e como lentidão e imprecisão no desempenho das habilidades motoras.

B) O défice de competências motoras interfere de forma significativa ou persistente com as actividades da vida diária adequadas à idade cronológica e tem impacto na produtividade académica/escolar, nas actividades pré-profissionais e vocacionais, nos tempos livres e nas brincadeiras.

C) O início dos sintomas dá-se no período inicial de desenvolvimento.

D) Os défices de competências motoras não podem ser melhor explicados por deficiência intelectual ou deficiência visual e não são atribuíveis a uma condição neurológica que afecte o movimento. (American Psychiatric Association, 2013).

As crianças com DCD não possuem as capacidades motoras básicas para realizar actividades simples, como jogar, vestir-se, arranjar-se, escrever à mão e comer (Missiuna et al., 2011; Gueze, 2007; Wang et al., 2009). Devido às dificuldades motoras, essas crianças tendem a evitar a participação em brincadeiras livres e organizadas (Cairney et al., 2005b; Cairney et al., 2007; Silman et al., 2011). Numa revisão dos padrões de atividade das crianças com DCD, Magalhães et al. (2011) verificaram que estas crianças apresentavam dificuldades em actividades relacionadas com o brincar (andar de bicicleta, saltar à corda, usar o equipamento do parque infantil, correr,' e saltar), tarefas da sala de aula (caligrafia), linguagem e fala, tarefas de auto-cuidado (vestir-se e usar talheres), e socialização. Estes resultados apoiam a afirmação de que as crianças com fracas capacidades motoras enfrentam grandes obstáculos na realização de actividades quotidianas, pelo que deve ser dada mais atenção à sua ajuda.

2.2.2 Diagnóstico

O Bruininks-Oseretsky Test of Motor Proficiency Short Form (BOTMP-SF) é o teste frequentemente utilizado em grandes estudos de campo para classificar a p-DCD, quando a forma longa deste teste é demasiado morosa e dispendiosa. Este teste é fiável e foi validado. As dificuldades motoras das crianças são frequentemente avaliadas por elas próprias ou pelos seus pais antes de qualquer diagnóstico (Cairney et al., 2008; Green & Wilson, 2008; Cairney et al., 2007; Dunford et al., 2005). O BOMTP-LF é um teste de diagnóstico comum para a DCD e é administrado por profissionais, como psicólogos ou terapeutas ocupacionais treinados (Miller et al., 2001). Este teste foi anteriormente utilizado como padrão de referência no diagnóstico da DCD (Gwynne & Blick, 2004), no entanto, não existe atualmente um padrão de ouro universalmente aceite (Missuina et al., 2006). O teste Motor Performance Checklist (MPC) foi comparado com o BOTMP-LF num estudo envolvendo 141 crianças de 5 anos de idade por Gwynne & Blick (2004). Foram encontradas correlações de 0,72 e 0,85 entre os testes, e a validade preditiva positiva e a validade preditiva negativa foram de 72% e 99%, respetivamente. O teste de diagnóstico mais utilizado no Reino Unido é o Movement Assessment Battery for Children 2 (M-ABC2), que foi concebido para diagnosticar a DCD em crianças entre os 4 e os 12 anos (Henderson & Sugden, 1992; Henderson & Sugden, 2007). Trata-se de uma revisão do teste M-ABC, e requer julgamento clínico por parte de técnicos de investigação (Cairney et al., 2009a).

Quando o M-ABC2 não é viável em grandes estudos de campo, é utilizada a forma curta do BOTMP (BOTMP-SF). Este teste examina a proficiência motora (equilíbrio estático e dinâmico, tempo de reação, coordenação bilateral, etc.) utilizando itens da forma longa. Este teste curto demora apenas 30 minutos a ser concluído, em comparação com as 2 horas do teste longo. A forma curta foi validada em relação à forma longa com intercorrelações entre 0,90 e 0,91 para crianças entre os 8 e os 14 anos de idade (Bruininks, 1978). A maior limitação deste teste é que apenas mede a capacidade do participante para realizar uma atividade, e não a qualidade do movimento (Missiuna et al., 2006; Larkin et al., 2005; Cairney et al., 2009a; Spironello et al., 2009). Além disso, embora o BOTMP seja objetivo, não requer um julgamento clínico, o que é simultaneamente um ponto forte e um ponto fraco.

Num ensaio de diagnóstico realizado por Spironello et al. (2009), a concordância entre o BOTMP-SF e o M-ABC na deteção da perturbação foi fraca. Outros autores questionaram a validade do BOTMP-SF para o diagnóstico de DCD (Missiuna et al., 2006; Dewey & Wilson, 2001). Cariney et al. (2009a), no entanto, concluíram que o BOTMP-SF é uma alternativa razoável para o diagnóstico de DCD quando o M-ABC não é viável. Os autores relataram um valor preditivo positivo de 88% e 63% para o BOTMP-SF usando o ponto de corte M-ABC do percentil $<15^{th}$ e $<6^{th}$, respetivamente.

O BOTMP-SF é um instrumento adequado para a classificação da DCPD em grandes estudos epidemiológicos. Outros métodos, como a versão longa deste teste, são ferramentas melhores, mas podem não ser viáveis em estudos tão grandes. Por conseguinte, o BOTMP-SF é um método adequado para classificar a DCPD neste tipo de estudos.

2.2.3 Prevalência

A prevalência da DCD em crianças canadianas em idade escolar situa-se entre 5% e 6% (Gibbs, Appleton, & Appleton, 2007), o que faz da DCD a perturbação infantil mais prevalente (Cairney et al., 2007). Dependendo da aplicação dos critérios de diagnóstico, a prevalência de DCD tem sido relatada na faixa de 1,8% a 9% em crianças de 9 a 11 anos de idade (Lingam et al., 2009; American Psychiatric Association, 1994; Kadesjo & Gillberg, 1999; Cermak & Larkin, 2002; Gaines et al., 2008). O estudo mais definitivo foi o de Lingham et al. (2009), que registou uma prevalência de 3%.

A condição é mais comum em homens do que em mulheres. Alguns estudos sugerem que os homens têm duas vezes mais probabilidades de ter DCD do que as mulheres (Lingam et al., 2009; American Psychiatric Association, 2000). Outros estudos referem que a prevalência da DCD é entre três (Miller et al., 2001) e sete (Kadesjo & Gillberg, 1999) vezes superior nos homens do que nas mulheres. Os números diferentes nos homens e nas mulheres podem estar relacionados com um preconceito de género nos instrumentos de avaliação utilizados no diagnóstico das DCD (Lefebre & Reid, 1998). Os estereótipos de que os rapazes são mais activos fisicamente no pátio da escola podem identificar mais facilmente os rapazes com deficiências motoras do que as raparigas (Rivard, Missuina, Hanna, & Wishart, 2007). Além disso, o preconceito de referência pode ter um papel importante, uma vez que as raparigas têm uma menor expetativa social de envolvimento e competência no desporto e na atividade física (Hay & Donnelly, 1996). Por conseguinte, as raparigas têm menos probabilidades de serem encaminhadas para avaliação ou ajuda do que os rapazes.

2.2.4 Causas potenciais

A causa da DCD é desconhecida, mas investigações recentes sugerem que tem uma componente genética (Lichtenstein et al., 2010) e está associada a problemas de perfusão de oxigénio perinatal (Pearsall-Jones et al., 2009). A investigação também sugeriu que os nascimentos prematuros e as patologias do sistema nervoso central, como as perturbações da conexão inter ou intra-hemisférica (Geschwind, 1975) e a disfunção dos gânglios basais (Lundy-Ekman et al., 1991), são causas potenciais (Vaivre-Douret et al., 2011; Zwicker et al., 2009; Zwicker et al., 2012). Usando imagens de ressonância magnética (MRI) em participantes com DCD, Querne et al. (2008) encontraram aumento da atividade cerebral no córtex frontal médio e no córtex cingulado anterior no hemisfério esquerdo e diminuição da atividade entre o estriado e o córtex parietal no hemisfério direito. Os autores concluíram que a DCD pode ser caracterizada por uma especialização hemisférica anormal do cérebro durante o desenvolvimento inicial. Crianças com DCD apresentaram menor difusividade axial nos tratos motores e sensoriais num estudo de Zwicker et al. (2012). A causa da DCD é desconhecida, no entanto, o distúrbio é provavelmente causado por uma neuropatologia in-utero.

2.2.5 Inatividade física e perturbação da coordenação do desenvolvimento

As crianças com DPC são fisicamente mais inactivas do que as crianças sem DPC (Cantell et al., 1994; Cairney et al., 2007; Cairney et al., 2005b; Wrotniak et al., 2006). As crianças com DPC têm um défice de atividade física, mesmo quando comparadas com a população cada vez mais inativa de crianças sem DPC. Numa revisão feita por Rivilis et al. (2011), os autores verificaram que a fraca proficiência motora estava associada a níveis mais baixos de atividade física e de participação em jogos livres e organizados em 20 de 21 estudos. Crianças com baixa adequação e predileção por atividade física apresentaram menor competência motora, sendo menos ativas fisicamente em brincadeiras organizadas e livres (Hay & Missiuna, 1998). Os autores encontraram uma correlação positiva entre a pontuação do BOTMP e a atividade física ($r = 0{,}57$), que se acentuou com a idade. Entre as crianças de 8-9 anos de idade, aquelas com baixa competência motora, comparadas com as de alta competência motora, tiveram pontuações mais baixas no Índice de Pontuação de Lazer (Cantell et al., 2008). Em comparação com as crianças sem DPCD, as crianças com DPCD escolhiam actividades mais calmas e mais isoladas socialmente (Jarus et al., 2011). As crianças com dificuldades motoras passaram uma média de 5,7% menos tempo do que os seus colegas de classe em comportamentos adoptivos durante as aulas de educação física (Causgrove et al., 2006). Smyth & Anderson (2000) descobriram que as crianças sem DPC participaram significativamente mais em jogos de equipa formais e informais e passaram menos tempo sozinhas no recreio do que as crianças com a perturbação. Portanto, com base na literatura acima, as crianças com DCD são mais inactivas do que os seus pares.

Num outro estudo, Poulsen et al. (2008) verificaram que os rapazes com DPC com idades compreendidas entre os 10 e os 13 anos apresentavam valores mais baixos de dispêndio de energia (estimados utilizando o equivalente metabólico dos valores das tarefas) do que os controlos. Também descobriram que o autoconceito das relações entre pares (um indicador da perceção das relações com os outros) era um mecanismo significativo que mediava a relação entre a proficiência motora e o baixo dispêndio de energia. Para além das relações com os pares, foi demonstrado que uma menor auto-eficácia física nas crianças com PCD explica em parte o facto de serem menos activas fisicamente do que os seus pares em desenvolvimento (Cairney et al., 2005a; Cairney et al., 2005b). Cairney et al. (2005b) descobriram que as raparigas, em comparação com os rapazes com PCD, relataram os níveis mais baixos de auto-eficácia generalizada e de participação em actividades organizadas e jogos livres. A diferença de género na participação em actividades físicas pode ser parcialmente explicada pelo menor prazer das raparigas em relação aos rapazes (Klentrou et al., 2003).

Foram encontrados resultados semelhantes noutros estudos que utilizaram medidas mais objectivas da atividade física, como os pedómetros. Castelli & Valley (2007) encontraram uma correlação significativa e positiva entre a pontuação total da competência motora e o número de passos dados durante programas de atividade formal medidos por um pedómetro (r=0,54). Wrotniak et al. (2006) descobriram que as crianças no quartil mais elevado de proficiência motora (com base nas pontuações do BOTMP) eram mais activas e passavam mais tempo a fazer atividade física moderada-vigorosa (medida por acelerómetros) em comparação com os quartis inferiores. Foram encontrados resultados semelhantes em estudos anteriores (Okely et al., 2001; Williams et al., 2008; Fisher et al., 2005). Além disso, Wrotniak et al. (2006) descobriram que a proficiência motora explicava 8,7% da variação na atividade física depois de controlar o sexo, o estatuto socioeconómico, o IMC das crianças, entre outros.

A relação entre a proficiência motora e a atividade física também foi analisada longitudinalmente. Num estudo realizado por Cairney et al. (2009b), as crianças com e sem DCD-P continuaram a apresentar níveis mais baixos de participação na atividade física ao fim de três anos. Num estudo longitudinal de seis anos, Barnett et al. (2009) concluíram que a capacidade de executar com competência competências de controlo de objectos na infância pode ser um preditor significativo da participação na atividade física durante a adolescência. As crianças com boas capacidades de controlo de objectos, em comparação com as fracas, tinham 20% mais hipóteses de participar em alguma atividade vigorosa durante a adolescência (seis anos mais tarde). Outros estudos concluíram que, embora as crianças com e sem DCD-P continuassem a apresentar níveis mais baixos de participação na atividade física, a diferença não se acentuou ao longo do tempo (Rivilis et al., 2011).

2.2.6 Estado de excesso de peso ou obesidade e perturbação do desenvolvimento da coordenação

As crianças com DCD, em comparação com as sem DCD, têm um IMC mais elevado e maior probabilidade de serem OWOB (Cairney et al., 2011; Cairney et al., 2010; Hands & Larkin, 2006; Cantell et al., 2008; Schott et al., 2007). As crianças com DCD são mais inactivas do que os seus pares em actividades organizadas e recreativas (Hay & Donnelly, 1996; Hay et al., 2004). Sabe-se que a atividade física é um importante determinante da obesidade (OMS, 1998; Jolliffe, 2004; Tremblay & Willms, 2000). Por conseguinte, estas crianças correm um maior risco de se tornarem OWOB (Cairney et al., 2005b). Utilizando a análise da impedância bioeléctrica e o IMC para avaliar o OWOB, Cairney et al. (2005b) verificaram que as crianças com idades compreendidas entre os 9 e os 14 anos com DCD tinham mais excesso de peso ou eram mais obesas do que as crianças sem DCD, mas este resultado só se verificou nos rapazes. A diferença entre os sexos pode dever-se a um baixo poder (o tamanho da amostra era pequeno) ou a um *efeito de base* em que as raparigas tendem a ter níveis mais baixos de atividade física em comparação com os rapazes e, por conseguinte, as raparigas com DCD podem não ter estado em maior risco de excesso de peso ou obesidade, uma vez que os seus níveis de atividade física não eram significativamente diferentes dos dos seus pares com capacidades motoras. Chirico et al. (2010) descobriram que as crianças com DCD tinham percentagens de gordura corporal significativamente mais elevadas (28,3%) do que as crianças sem DCD (20,0%) utilizando a pletismografia de deslocamento de ar. Num estudo longitudinal de dois anos, Cairney et al. (2010) verificaram que o maior risco de excesso de peso e obesidade entre as crianças com e sem DCD não diminuiu ao longo do tempo. Portanto, as crianças com DCD são mais OWOB do que seus pares.

Os investigadores ainda não analisaram as diferenças de ingestão de energia entre crianças com e sem DCD-P. Esta é uma área de investigação importante, uma vez que a ingestão de energia é essencial para a equação do balanço energético. Esta é uma área importante de investigação, uma vez que a ingestão de energia é essencial para a equação do balanço energético. Relativamente a este balanço energético, é importante determinar se a associação entre a ingestão de energia e a massa corporal em crianças com DPCD é semelhante à encontrada na população geral de crianças descrita na literatura acima, depois de ter em conta a inatividade física (como indicador do gasto energético).

2.3Resumo: Ligação entre a p-DCD, o consumo de energia e o OWOB

O desequilíbrio energético prolongado leva ao OWOB. Foi estabelecido que o aumento da inatividade está positivamente associado ao OWOB entre crianças com p-DCD, no entanto, a ingestão de energia não foi considerada anteriormente. Este estudo investigará a influência da ingestão de energia no OWOB em crianças com p-DCD.

2.4Finalidade, objetivo e hipótese

Sabe-se que as crianças com DPC são mais inactivas e têm mais OWOB do que os seus pares. Sabe-se também que a sua inatividade física está positivamente associada à sua massa corporal. No entanto, há uma ausência de conhecimento sobre a ingestão de energia na literatura sobre p-DCD. O objetivo deste estudo é investigar a influência da ingestão de energia na relação entre a DCPD e o OWOB (Figura 2.4). O objetivo é examinar a ingestão de energia (estimada no QFA) na medida em que influencia o OWOB (através do proxy do IMC) em crianças com p-DCD (classificadas pelo BOTMP-SF) após o controlo do gasto energético (utilizando a inatividade física como proxy medida no PQ). Com base na literatura (Bowman & Vinyard, 2004; McCory et al., 2002), a hipótese é que a ingestão de energia estará positivamente associada ao OWOB em crianças com p-DCD após o controlo do estado de maturidade, residência e inatividade física.

Figura 2.4 Avaliar a associação entre a ingestão de energia e o peso corporal em crianças com p-DCD

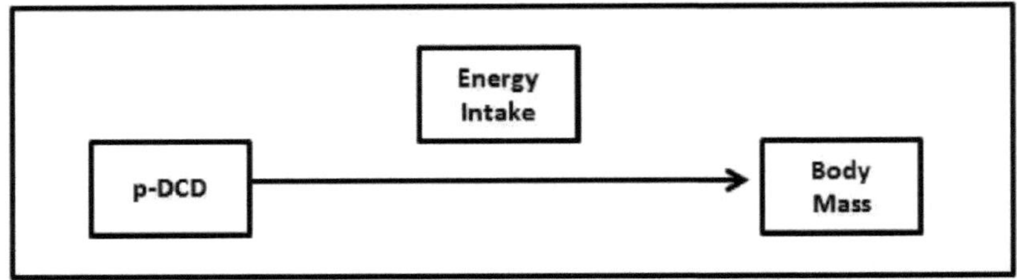

Capítulo 3: Metodologia

3.1 População do estudo

Este estudo envolveu 1975 participantes dos 2519 originais no início da Fase I do Physical Activity Health Study Team (PHAST). O PHAST foi financiado pelos Institutos Canadianos de Investigação em Saúde (CIHR) e acompanhou estudantes durante seis anos, desde o 4º ano (2004) até ao 9º ano (2010), no District School Board of Niagara (DSBN). O estudo PHAST foi aprovado pelo Conselho de Ética em Investigação da Universidade de Brock e do DSBN. Todas as escolas primárias do DSBN eram elegíveis para participar no estudo e, de 92 escolas, 75 (83%) participaram com consentimento parental informado fornecido para 2278 (96,8%) de 2395 crianças.

Os dados foram examinados durante o período de inverno (janeiro-março) do 7º ano em 2007. Os participantes com dados de IE em falta incluídos não diferiram em termos de género, idade e IMC em comparação com os participantes sem dados em falta excluídos (ver Anexo A). Dos 1975 participantes neste estudo, 1709 (86,5%) não tinham informação em falta sobre o estado de p-DCD, consumo de energia e IMC (ver Figura 3.1).

Figura 3.1. Limpeza dos dados

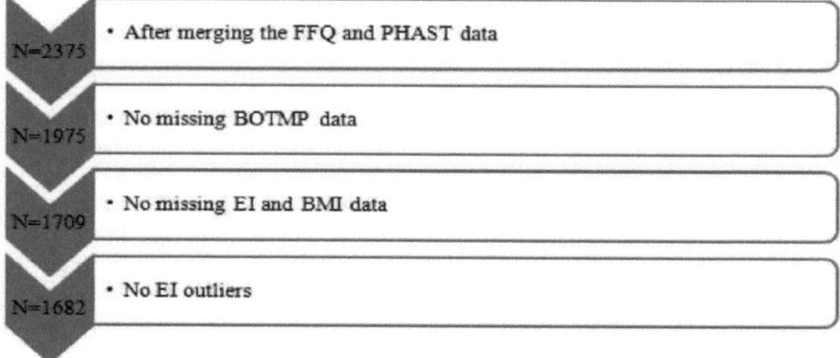

3.2 Variáveis-chave do estudo

3.2.1 Provável perturbação do desenvolvimento da coordenação

As variáveis independentes deste estudo foram a DPC e o consumo de energia. As crianças foram classificadas como tendo DPC se obtivessem uma pontuação igual ou inferior ao percentil 10th no BOTMP-SF (Cairney et al., 2007). A DPC não foi medida em todos os alunos ao mesmo tempo. Isto não é um problema, uma vez que a condição é constante, e se uma criança tem DCD-p num determinado momento, então essa criança continuará a ter a condição se for medida mais tarde. O teste curto de proficiência motora contém 14 itens que examinam as capacidades motoras básicas, como o equilíbrio, a agilidade, a coordenação bilateral, a força, a destreza e coordenação dos membros superiores e a velocidade de resposta. A forma curta do teste foi validada contra a forma longa com correlações entre 0,90-0,91 (Bruininks, 1978). O termo provável DCD foi aqui utilizado uma vez que a identificação dos casos foi feita através dos resultados de um teste de campo administrado por assistentes de investigação, em vez de um protocolo de diagnóstico completo efectuado por um médico com formação.

3.2.2 Consumo de energia

A informação sobre a ingestão de nutrientes e os padrões alimentares foi registada no Harvard Medical School (HMS) Eating Survey (C-02-1). O inquérito foi previamente validado com base em registos de dietas múltiplas e recordatórios de 24 horas, com correlações moderadas para a IE de r=0,51 (Longnecker et al., 1993; Willett et al., 1985; Hernandez-Aliva et al., 1998). Este QFA era composto por 147 perguntas baseadas em 77 itens alimentares e demorava cerca de 25 minutos a ser preenchido. As respostas eram de natureza ordinal, por exemplo:

4. Quantas colheres de chá de açúcar adiciona à sua bebida ou comida todos os dias?

a) nenhuma/ menos de 1 colher de chá por dia

b) 1-2 colheres de chá por dia

c) 2-3 colheres de chá por dia

d) 5 ou mais colheres de chá por dia

Os alunos preencheram os inquéritos durante o horário escolar. Os inquéritos foram enviados para a Harvard Medical School (Boston, MA), onde foi calculada a ingestão diária de macronutrientes (proteínas, hidratos de carbono, gorduras totais, saturadas, trans, monoinsaturadas e polinsaturadas), minerais (cálcio, ferro, magnésio, fósforo, magnésio, ferro, potássio) e vitaminas (C, A, D, E e folato) através do *sistema Nutrition Quest Data-On-Demand* (Berkeley, CA). Neste estudo, o consumo de energia (kcal/dia) foi estimado com base nos dados do questionário. Os participantes cujo IE>5483,2 kcal/dia foram retirados por se tratarem de valores extremos, iguais ou superiores a três desvios-padrão acima da média (Ruan et al., 2005). Não se registaram valores de ingestão energética superiores a três desvios-padrão abaixo da média. O valor mais baixo de ingestão energética foi de 470,4 kcal/dia, o que não chega a ser dois desvios-padrão abaixo da média.

3.2.3 Estado de excesso de peso ou obesidade

OWOB foi a variável dependente neste estudo. Esta variável foi codificada como "sim" ou "não", sendo o excesso de peso ou a obesidade baseados nos pontos de corte do IMC ajustados à idade e ao género de 22,02 kg/m^2 para as mulheres e 21,48 kg/m^2 para os homens, utilizando o percentil 85th (Cole et al., 2000). O índice de massa corporal (IMC) foi calculado utilizando a altura e o peso (kg/m^2), que foram medidos numa sala privada com o consentimento dos pais.

A altura em pé (cm) foi medida com um standiómetro (Stat 7X, Ellard Instrumentation Ltd Monroe, WA, EUA) e registada com uma aproximação de 0,1 cm. O peso (kg) foi medido com uma balança digital (BWB-BOOS, Tanita Digital Scale, Toykyo, Japão) e registado com uma aproximação de 0,1 kg. A balança foi calibrada com um peso de 10 kg e os indivíduos foram pesados vestindo apenas fatos de banho ou roupa interior justa.

3.3Covariáveis

3.3.1 Inatividade física

A inatividade física é um indicador do dispêndio de energia. Foi medida com base nos dados recolhidos pelo estudo PHAST como parte do *Questionário de Participação (PQ)*. Este questionário era uma lista de 61 itens composta por oito secções, seis das quais avaliavam a quantidade de tempo despendido por cada participante em actividades organizadas, actividades de tempo livre e actividades sedentárias. O PQ demonstrou uma forte validade de construção e uma fiabilidade teste-reteste de 0,81 (Hay, 1992). A inatividade física variava entre 0 e 13 horas, sendo que 13 horas representa o nível mais elevado de inatividade física. Havia vários itens que exploravam a inatividade física no PQ. Por exemplo, a questão 18 pergunta: *com que frequência joga jogos de vídeo nos seus tempos livres?* As respostas incluem: *todos os dias, quase todos os dias, quase nunca e nunca.* Outro exemplo é a pergunta 16 que questiona: *quantas horas por dia costuma ver televisão?* As respostas incluem: *0-1, 1-2, 2-3, 24, 4-5, e 5 ou mais.*

3.3.2 Dados demográficos: Idade, género e residência

A idade e o género foram indicados pelos participantes no HMS Eating Survey. A idade foi medida em anos e baseou-se na seleção, pelos indivíduos, de uma das 11 opções de resposta que variavam entre menos de 9 e 18 anos ou mais. A etnia não foi considerada nesta análise, uma vez que o estudo PHAST não estava autorizado a recolher dados relativos à etnia. O District School Board of Niagara tem uma homogeneidade distinta entre os seus alunos, sendo a maioria caucasiana. A residência foi incluída no inquérito PHAST e foi medida no Questionário Parental, no qual os pais registaram o local onde vivem. Os investigadores do PHAST dicotomizaram a residência dos participantes numa localização urbana ou rural.

3.3.3 Estado de vencimento

A velocidade da altura da idade ao pico (VAPP) foi calculada e utilizada como uma medida de substituição da maturidade. A VPAE é um indicador de maturidade biológica e reflecte a velocidade máxima de crescimento da estatura durante a adolescência (Mirwald et al., 2002). Baseia-se no crescimento diferencial e na calendarização do comprimento das pernas e da altura sentada. A idade ideal de previsão é de 9-13 e 12-16 anos para o sexo feminino e masculino, respetivamente. Esta variável foi calculada especificamente para o género, de acordo com os métodos de Mirwald et al. (2002):

aPHVfemales= -9,376 + *0,0001882 * (comprimento da perna (cm) * altura sentada (cm)) + 0,0022* (idade (anos) * comprimento da perna (cm)) + 0,005841 * (idade (anos) * altura sentada (cm)) -0,002658 * (idade (anos) * peso (kg)) + 0,07693 * (peso (kg)/altura em pé* (cm))

aPHV homens= -9,236 + *0,0002708 * [comprimento da perna (cm) * altura sentada (cm)] - 0,001663* [idade (anos) * comprimento da perna (cm)] + 0,007216 * [idade (anos) * altura sentada (cm)] +0,02292 * [peso (kg)/altura sentada (cm)].*

O comprimento das pernas (um indicador de APHV) foi calculado subtraindo a altura sentada à altura em pé. Há um viés de medição na forma como o comprimento das pernas é calculado em grandes estudos de campo. Uma vez que a gordura e o músculo dos glúteos não são retirados do cálculo, é provável que a altura na posição sentada seja artificialmente mais alta e que o comprimento da perna seja artificialmente mais curto. Isto traduz-se num APHV artificialmente mais baixo. O APHV foi dicotomizado em estado de maturidade (sim ou não) com base na mediana de corte separada por género de -2,10 anos para as mulheres e -2,50 anos para os homens.

3.4 Análises estatísticas

As análises foram feitas com o SAS 9.3 (SAS Institute Inc., Cary, NC, EUA) e o nível de significância foi definido como o teste bicaudal com $p < 0,05$. As análises foram feitas comparando p-DCD (BOTMP-SF $\leq 10^{th}$ percentil) com não-DCD (BOTMP-SF $> 10^{th}$ percentil). Foram utilizadas estatísticas descritivas para determinar proporções ou médias e desvios-padrão para uma tabela de resumo dos dados estratificados por estado p-DCD. Foram efectuados testes t de Student para testar as diferenças médias no consumo de energia entre crianças com e sem DPCD. Foram utilizadas análises de regressão logística para avaliar a associação entre o consumo de energia e o OWOB em crianças com e sem DPCD. O IMC foi a principal variável dependente utilizada para criar grupos de massa corporal (peso normal e OWOB). A CC, utilizando o ponto de corte do percentil 75th, foi uma variável dependente secundária utilizada para criar grupos de massa corporal (ver Anexo C).

Foram obtidos odds ratios e intervalos de confiança (IC) a 95%, bem como estatísticas do Qui-quadrado utilizando o método da verosimilhança para avaliação dos modelos. Foram implementados quatro modelos em todas as análises de regressão logística, incluindo

Modelo 1: Massa corporal=p-DCD+ Sexo+ Residência
Modelo 2: Massa corporal=p-DCD+ Sexo+ Residência+ PiA
Modelo 3: Massa corporal=p-DCD+ Sexo+ Residência+ PiA+consumo de energia
Modelo 4: Massa corporal=p-DCD+ Sexo+ Residência+ PiA+consumo de energia + Maturidade Estado

Foram também examinadas potenciais interações entre a DCD, o sexo e o estado de maturidade. A distribuição normal foi verificada para variáveis contínuas usando o valor de p de Anderson-Darling. A multicolinearidade entre as variáveis preditoras contínuas foi avaliada utilizando o teste de correlação de Pearson e o fator de inflação da variância.

Capítulo 4: Resultados

4.1 Caraterísticas da amostra: Raparigas e rapazes separadamente

No geral, a idade média dos participantes de 1975 era de 12 anos. Dos participantes de 1975, 1709 (86,5%) não tinham informações em falta sobre o estado da p-DCD, o consumo de energia e o IMC. A maioria dos dados em falta referia-se à ingestão de energia. 875 participantes (51,5%) eram do sexo masculino e 824 (48,5%) eram do sexo feminino. A idade média e o desvio padrão entre os que não tinham dados em falta era de 12,4 anos [0,3 anos].

A prevalência global de DPCD foi de 6,0% (4,8% no sexo masculino e 9,3% no sexo feminino). Em comparação com as crianças sem DCD, as crianças com DCD-p apresentavam um IMC significativamente mais elevado, níveis mais elevados de inatividade física e uma menor ingestão de energia e de APHV.

As raparigas com DPCD apresentaram um APHV significativamente mais baixo em comparação com as raparigas sem DPCD, o que não foi diferente nos rapazes. Não houve diferenças no consumo de energia entre os meninos com DPCD e sem DPCD (2265 vs. 2271 kcal/dia, p=0,972). No entanto, as raparigas com DPCD consumiram cerca de 336 kcal/dia menos do que as raparigas sem a perturbação (1731 vs. 2067 kcal/dia, p=0,003).

Quadro 4.1.1 Caraterísticas das raparigas com idades compreendidas entre os 11 e os 13 anos do estudo PHAST (2007), segundo o estatuto de DPC (N=964)

	p-DCD	Não-DCD	valor de p
N	77	887	
Idade (anos, média [DP])	12.4 [0.3]	12.4 [0.4]	0.348
Habitação rural (%)^	23.3	37.5	0.013
IMC (IMC, média [DP]) ^	24.1 [5.1]	19.8 [3.8]	0.0002
PiA (pontuação, média [DP]) ^	7.9 [1.8]	7.3 [1.8]	0.016
APHV (anos, média [DP]) ^	-2.44 [0.46]	-2.06 [0.42]	<0.0001
EI (g/dia, média [DP]) ^	1731 [733]	2067 [888]	0.003
EI (g/dia, mediana [Q1-Q3]) ^	1629 [1117-2100]	1857 [1472-2482]	0.033

PiA inatividade física; EI ingestão de energia; IMC índice de massa corporal; APHV velocidade da altura da idade para o pico. ^Indica alteração do tamanho da amostra.

Tabela 4.1.2. Caraterísticas dos rapazes com idades compreendidas entre os 11 e os 13 anos do estudo PHAST (2007), por estatuto de DPC (N=1011)

	p-DCD	Não-DCD	valor de p
N	42	969	
Idade (anos, média [DP])	12.5 [0.4]	12.4 [0.3]	0.141
Habitação rural (%)^	38.1	35.3	0.711
IMC (IMC, média [DP]) ^	23.0 [4.9]	19.7 [3.6]	0.0002
PiA (pontuação, média [DP]) ^	9.0 [1.8]	7.5 [2.0]	<0.0001
APHV (anos, média [DP]) ^	-2.37 [0.53]	-2.50 [0.51]	0.111
EI (g/dia, média [DP]) ^	2265 [1089]	2271 [1025]	0.972
EI (g/dia, mediana [Q1-Q3]) ^	2026 [1317-2653]	2020 [1540-2764]	0.914

PiA inatividade física; EI ingestão de energia; IMC índice de massa corporal; APHV velocidade da altura da idade para o pico. ^Indica alteração do tamanho da amostra.

4.2Resultados da correlação

Os resultados da correlação entre variáveis-chave, como a proficiência motora, o consumo de energia e outras, são apresentados nos Quadros 4.2.1 e 4.2.2. A correlação entre o consumo de energia e o IMC foi negativa em ambos os sexos, depois de ajustada para a inatividade física, residência e maturidade (r=-0,183, p<0,0001 nas raparigas e r=-0,082, p=0,018). Esta correlação foi aproximadamente duas vezes mais forte nas raparigas. A correlação entre a inatividade física e o IMC foi positiva em ambos os sexos, mas apenas significativa nos rapazes (r=0,111, p=0,001 nos rapazes e r=0,064, p=0,051 nas raparigas). A correlação entre o VPA e o IMC foi moderada e significativa em ambos os sexos, mas as direcções foram opostas (r=-0,440 nas raparigas vs. r=0,390 nos rapazes). Estes resultados mostram que existem diferenças de género neste estudo.

Quadro 4.2.1 Matriz de correlação de Pearson entre a proficiência motora, o índice de massa corporal, o perímetro da cintura, a inatividade física, a ingestão de energia e a velocidade da altura da idade ao pico nas raparigas

	PM	IMC	WC	PiA	EI	APHV
PM		-0.348	-0.357	-0.028	**0.090**	0.267
		<0.0001	<0.0001	0.392	0.010	<0.0001
		946	946	940	828	930
IMC			0.900	0.064	***-0.183**	-0.440
			<0.0001	0.051	<0.0001	<0.0001
			945	937	812	930
WC				0.073	-0.149	-0.314
				0.026	<0.0001	<0.0001
				937	824	929
PiA					0.125	0.009

					0.0004	0.777
					819	921
EI						0.022
						0.526
						822

*Nota: os números estão organizados da seguinte forma: valor de r, valor de p, tamanho da amostra. MP proficiência motora; IMC índice de massa corporal; CC circunferência da cintura, PiA inatividade física, IE ingestão de energia; APHV velocidade da altura do pico. *A correlação entre a IE e o IMC foi controlada para a inatividade física, residência e VPA.*

Quadro 4.2.2 Matriz de correlação de Pearson entre a proficiência motora, o índice de massa corporal, o perímetro da cintura, a inatividade física, a ingestão de energia e a velocidade da altura da idade ao pico nos rapazes

	PM	IMC	WC	PiA	EI	APHV
PM		-0.297	-0.319	-0.140	**0.042**	-0.043
		<0.0001	<0.0001	<0.0001	0.220	0.188
		970	973	978	867	950
IMC			0.914	0.111	***-0.082**	0.390
			<0.0001	0.001	0.018	<0.0001
			970	968	842	950
WC				0.130	-0.062	0.432
				<0.0001	0.070	<0.0001
				970	860	950
PiA					-0.005	0.009
					0.895	0.797
					864	948
EI						0.0002 0.996
						850

*Nota: os números estão organizados da seguinte forma: valor de r, valor de p, tamanho da amostra. MP proficiência motora; IMC índice de massa corporal; CC circunferência da cintura, PiA inatividade física, IE ingestão de energia; APHV velocidade da altura do pico. *A correlação entre a IE e o IMC foi controlada para a inatividade física, residência e VPA.*

4.3Consumo de energia em crianças com e sem p-DCD

A Figura 4.3.1 mostra o consumo de energia em crianças com e sem DPCD, por sexo, depois de controlar a inatividade física, o estado de maturidade e a massa corporal. O nível médio de energia consumida pelos rapazes com DPCD foi muito semelhante ao dos rapazes sem DPCD (2291 vs. 2281 kcal/dia, p=0,917). No entanto, as raparigas com DPCD consumiam, em média, cerca de 323 kcal/dia menos do que as raparigas sem DPCD (p=0,007). Este resultado foi semelhante quando se analisou a diferença mediana (ver Figura B2).

Figura 4.3.1 Consumo médio de energia (kcal/dia) em crianças com e sem DPCD, após ajuste para inatividade física, estado de maturidade e massa corporal (N=1683)

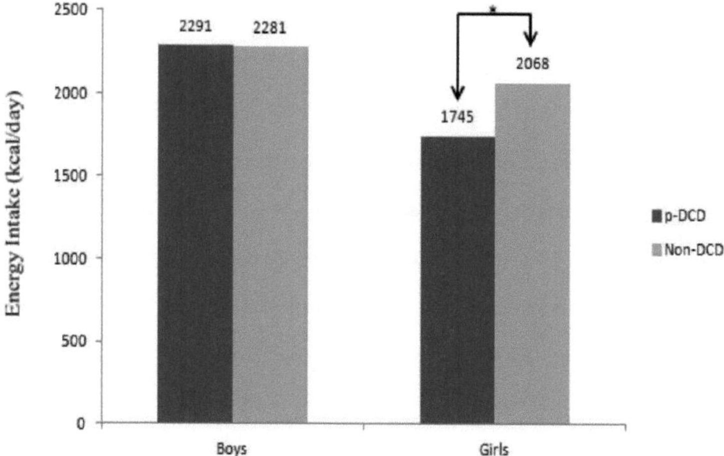

Nota: Diferença significativa entre raparigas (p=0,007), não entre rapazes (p=0,917)

4. 4 Resultados da regressão logística

Os resultados da regressão logística são apresentados na Tabela 4.4.1, com os homens e as mulheres analisados separadamente devido às diferenças entre os géneros e a uma interação significativa entre o género e o estado de maturidade (p<0,0001) sobre as probabilidades de OWOB. O estado de maturidade foi negativamente associado ao OWOB nas raparigas. No entanto, a associação foi positiva entre os rapazes. Além disso, as probabilidades de OWOB para crianças com comparação com crianças sem DCD-p foram mais de três vezes superiores e estatisticamente significativas após o controlo da inatividade física, da ingestão de energia e de outras covariáveis em ambos os sexos.

Não houve interação entre o consumo de energia e a DCPD na probabilidade de OWOB em ambos os sexos (p=0,342 nas raparigas e p=0,079 nos rapazes). O consumo de energia foi negativamente associado ao OWOB nas raparigas no Modelo 3 (0,84 [0,71, 0,99]). A ingestão de energia não foi associada ao OWOB no Modelo 3 nos rapazes (0,90 [0,77, 1,05]). A adição do consumo de energia aumentou drasticamente o OR de p-DCD apenas nas raparigas e acrescentou 9,6 novas unidades de qui-quadrado (um aumento de 28% no rácio de probabilidade do modelo). A adição do consumo de energia não melhorou o modelo nos rapazes; de facto, reduziu o rácio de probabilidade do modelo.

No Modelo 4, a associação entre o consumo de energia e o OWOB manteve-se significativa nas raparigas, depois de controlar a inatividade física, o estado de maturidade e outros. A adição do estado de maturidade aumentou o OR de p-DCD nos rapazes e acrescentou 61,8 novas unidades de qui-quadrado (77,8 - 16,0) ao modelo, depois de controlar a residência, o consumo de energia e outras covariáveis. Verificou-se uma tendência semelhante nas raparigas, uma vez que a adição do estado de maturidade acrescentou 57,9 novas unidades de qui-quadrado (103,1 - 45,2) ao modelo e diminuiu em grande medida o OR da DCD-p.

Os resultados da regressão para a inatividade física nos modelos são apresentados na Tabela C3 (Anexo C). A inatividade física foi positivamente associada ao OWOB no Modelo 2, mas apenas significativamente nos rapazes. No Modelo 4, depois de controlar a ingestão de energia, o estado de maturidade e outros, a associação positiva manteve-se significativa nos rapazes. A adição da inatividade física ao Modelo 2 nas raparigas alterou muito ligeiramente o OR do p-DCD e apenas acrescentou 1,4 unidades de qui-quadrado ao modelo (um aumento de 4,1%). No entanto, nos rapazes, a inatividade física alterou largamente o OR da DCPD e acrescentou 11,3 unidades de qui-quadrado ao modelo (um aumento de 58,3%).

Além disso, foram criadas tabelas de regressão logística utilizando o perímetro da cintura elevado como variável dependente (percentil >75th ; >76,0 cm nos rapazes e >76,2 cm nas raparigas) para comparar com os resultados utilizando os pontos de corte do IMC para OWOB (ver Anexo C, Tabelas C1-2). Os resultados utilizando a CC foram muito semelhantes aos acima referidos utilizando o IMC.

Quadro 4.4.1 Análises de regressão logística da DCD-p e da ingestão de energia sobre o excesso de peso e a obesidade, por género

	N	p-DCD	Consumo de energia	χ^2
Rapazes				
Modelo 1	991	4.01 (2.13, 7.58)*		19.4
Modelo 2	858	3.85 (1.88, 7.89)*		16.0
Modelo 3	858	3.24 (1.56, 6.74)*	0.90 (0.77, 1.05)	16.0
Modelo 4	858	3.35 (1.57, 7.15)*	0.89 (0.76, 1.05)	77.8
Raparigas				
Modelo 1	938	4.17 (2.56, 6.78)*		34.5
Modelo 2	817	4.89 (2.86, 8.36)*		44.1
Modelo 3	817	4.74 (2.76, 8.13)*	0.83 (0.70, 0.99)*	45.2
Modelo 4	817	3.16 (1.78, 5.61)*	0.82 (0.68, 0.98)*	103.1

Excesso de peso e obesidade (IMC≥21,48 kg/m² nos rapazes e ≥22,02 kg/m² nas raparigas). OR (IC 95%); EI transformado para EI/1027,1 nos rapazes e EI/882,9 nas raparigas para tornar o OR mais interpretável. ^Indica resultado estatisticamente significativo ($p < 0,05$). χ^2 indica razão de verossimilhança do modelo para covariáveis.

Modelo 1: incluiup-DCD e residência.

Modelo 2: incluiu o Modelo 1 e a inatividade física.

Modelo 3: inclui o modelo 2 e a IE.

Modelo 4: inclui o modelo 3 e o estado de maturidade.

Capítulo 5: Discussão

Este é o primeiro estudo a investigar a influência da ingestão de energia no OWOB em crianças com p-DCD. No presente estudo, foram encontrados dois novos resultados. Em primeiro lugar, verificou-se uma diferença na ingestão de energia entre crianças com e sem DPCD apenas nas raparigas. Após o controlo de uma série de factores de confusão, como a inatividade física, o estado de maturidade e a massa corporal, as raparigas com DPCD apresentaram um consumo energético muito inferior ao das raparigas sem DPCD. O consumo de energia era semelhante entre os rapazes com e sem DPCD (Figura 4.3.1). Em segundo lugar, o consumo de energia foi negativamente associado ao OWOB apenas nas raparigas com DPCD (Tabela 4.4.1).

5.1p-DCD e consumo de energia

Nenhum estudo anterior analisou a ingestão de energia em crianças com p-DCD. Neste estudo, não se registou uma diferença significativa no consumo de energia entre os rapazes com e sem DCDp. No entanto, as raparigas com DCD-P consumiram muito menos energia do que os seus pares sem DCD. A razão pela qual o consumo de energia foi semelhante nos rapazes e diferente nas raparigas é atualmente desconhecida na literatura. São necessários estudos futuros para investigar as razões pelas quais se verificou uma diferença nas raparigas, mas não nos rapazes. Duas razões potenciais podem ser a imagem corporal e a subnotificação.

Um potencial fator que pode ajudar a explicar o menor consumo de energia relatado nas raparigas com DPCD é a imagem corporal. É menos provável que a imagem corporal esteja relacionada com a redução do consumo de energia nos rapazes, uma vez que estes podem, de facto, referir um maior consumo de energia na tentativa de se tornarem mais musculados (Chang et al., 2011; Tsai et al., 2011; Bardone-Cone et al., 2008). Essencialmente, as raparigas com DPCD podem estar a referir um menor consumo de energia do que os seus pares porque não gostam do aspeto do seu corpo (Bosi et al., 2006). Isto é um eufemismo para quererem perder peso porque acham que são demasiado pesadas. Uma vez que estas raparigas são mais inactivas do que os seus pares sem DCD (Tabela 4.1.1), perder peso através da redução da ingestão de energia pode ser a sua única opção. A insatisfação com a imagem corporal está relacionada com práticas alimentares restritivas (Bosi et al., 2006) através de padrões alimentares perturbados e desordenados (Bearman et al., 2006; Keel et al., 1997). A literatura mostra que as crianças com e sem p-DCD têm níveis mais elevados de imagens corporais insatisfeitas e aversões à sua aparência física (Hay et al., 2001; Piek et al., 2006; Skinner & Piek, 2001; Lingam et al., 2012). A redução da ingestão de energia na tentativa de perder peso afecta mais frequentemente as raparigas do que os rapazes (Chang et al., 2011; Tsai et al., 2011; Bardone-Cone et al., 2008). A razão para este facto resulta das pressões para alcançar um corpo feminino "socialmente atraente e magro" (Jones, 2004). Por conseguinte, é possível que a imagem corporal possa estar relacionada com a diminuição da ingestão de energia referida nas raparigas com DPCD.

A subnotificação também pode explicar a menor ingestão de energia registada nas raparigas com DPCD. As crianças com OWOB são famosas por subnotificarem o consumo de energia no QFA auto-administrado, nos registos de dieta e nos históricos de dieta (Gazzangia & Burns, 1993; Johnson- Down et al., 1997; Maffeis et al., 1994). A probabilidade de subnotificação é muito maior do que nas crianças com peso normal. Sabe-se que as crianças com p-DCD são mais OWOB do que as crianças sem DCD (Cairney et al., 2011; Cairney et al., 2010; Hands & Larkin, 2006; Cantell et al., 2008; Schott et al., 2007). Por conseguinte, as crianças com p-DCD têm maior probabilidade de subnotificar a ingestão de energia do que as crianças sem DCD. As raparigas com a perturbação têm maior probabilidade de subnotificação do que os rapazes com a perturbação, uma vez que são mais OWOB (Tabelas 4.1.1 -2).

Estudos futuros devem determinar se as crianças com p-DCD estão ou não a comunicar corretamente a ingestão de energia.

5.2A Associação Negativa entre o Consumo de Energia e o Estado de Excesso de Peso ou Obesidade

Independentemente do estado de p-DCD, as crianças OWOB referiram um consumo de energia inferior ao dos seus pares. No entanto, este resultado mostra que as crianças OWOB com p-DCD são semelhantes às crianças OWOB sem DCD, na medida em que ambas referiram um menor consumo de energia do que os seus pares com peso normal. A associação entre o consumo de energia e o OWOB foi semelhante entre as crianças p-DCD e as crianças não-DCD, uma vez que não houve interação no modelo 4 de regressão logística. A associação entre a ingestão de energia e o OWOB diferiu por género (Tabelas 4.2.1-2 e Tabela 4.4.1). É sabido que o aumento da ingestão de energia leva ao OWOB se todos os factores, como a despesa, forem mantidos constantes (Bowman & Vinyard, 2004; McCory et al., 2002). A associação negativa entre a ingestão de energia e o OWOB no presente estudo e em estudos anteriores (Skinner et al., 2012; Rocandio et al., 2001; Bandini et al., 1999; Llunch et al., 2000; Tucker et al., 1997; Stewart et al., 1999; Garaulet et al., 2000; Ritchie, 2012; Fabry et al., 1966) é biologicamente implausível. Por conseguinte, nestes estudos e no atual, ou o dispêndio de energia não foi suficientemente medido ou a ingestão de energia não foi medida com exatidão. O presente estudo é diferente dos outros, uma vez que foi utilizado o QFA de Harvard para estimar a ingestão de energia e foi controlada a inatividade física (como medida indireta do dispêndio de energia). Desconhece-se a razão pela qual não se verificou uma associação nos rapazes e uma associação negativa nas raparigas. As razões potenciais para este facto incluem: subnotificação, momento do início da obesidade, RMR e gasto energético.

Uma limitação comum da metodologia dietética em grandes estudos de campo é a subnotificação da ingestão de energia. É mais comum em crianças com OWOB do que em crianças com peso normal (Gazzangia & Burns, 1993; Johnson-Down et al., 1997; Maffeis et al., 1994). Uma vez que as raparigas eram mais OWOB do que os rapazes (Quadros 4.1.1-2), as raparigas tinham mais probabilidades de subdeclarar o consumo de energia. A subnotificação poderia explicar parcialmente a associação negativa encontrada. São necessários estudos futuros para investigar a exatidão da declaração do consumo de energia.

Outra razão potencial para encontrar uma associação negativa em estudos transversais é o momento do início da obesidade (Skinner et al., 2012). Neste cenário, algumas crianças são OWOB durante o período do estudo, mas decidiram reduzir a sua ingestão de energia antes do estudo na tentativa de perder peso. Isto significa que, embora estejam atualmente OWOB, estão na verdade a comer menos. Este facto pode explicar parcialmente a associação negativa encontrada. No entanto, é necessário reiterar que não é biologicamente possível que um menor consumo de energia conduza ao OWOB. Por conseguinte, são necessários estudos longitudinais para resolver esta limitação, acompanhando o consumo de energia e o OWOB ao longo do tempo.

A RMR é uma componente importante do dispêndio de energia. Embora tenha sido controlado um indicador do dispêndio de energia (inatividade física), a RMR não foi medida neste estudo. Apenas um dos lados da equação (consumo de energia) foi avaliado neste estudo atual. A contabilização da RMR em estudos futuros irá provavelmente produzir resultados diferentes, uma vez que irá preencher uma grande lacuna no balanço energético relacionado com o OWOB. É difícil especular se as crianças p-DCD têm ou não uma RMR diferente da dos seus pares. Por um lado, as crianças com DCD-p poderiam ter um metabolismo mais elevado do que as crianças sem DCD, uma vez que são mais OWOB. Sabe-se que as crianças OWOB têm uma RMR mais elevada devido a uma maior quantidade de massa muscular (Epstein et al., 1989; Yu et al., 2002). Não se esperariam diferenças de TMB entre rapazes e raparigas nos grupos de obesidade, tal como não se verificou nos estudos acima referidos. Por outro lado, as crianças com DPCD poderiam ter uma RMR mais baixa devido a níveis mais baixos de atividade física. Os investigadores levantaram a hipótese de que, uma vez que a atividade física aumenta a massa muscular, pode aumentar a RMR (Goran et al., 1999; Poehlam, 1993; Speakman & Selman, 2003). No entanto, todo o quadro do balanço energético deve ser revisto, especialmente a possibilidade de que uma mudança num componente do gasto energético possa resultar numa mudança compensatória noutros componentes e mudanças na ingestão de energia (Goran et al., 1999). Além disso, o aumento hipotético da RMR depende de vários outros factores, como a genética e a duração, intensidade, tipo e frequência da atividade. Isto levanta a questão de saber se as crianças com p-DCD têm ou não uma RMR diferente da das crianças sem a perturbação. Além disso, a RMR é essencial para o balanço energético e deve ser considerada em estudos futuros.

Outra razão pela qual foi encontrada uma associação negativa pode dever-se ao facto de a inatividade física (um indicador do dispêndio de energia) ter prevalecido sobre a ingestão de energia. É possível que a maior prevalência de OWOB em crianças com DPCD se deva principalmente à diminuição do gasto energético (através do aumento dos níveis de inatividade física), mais do que à ingestão de energia. Sabe-se que as crianças com OWOB têm uma RMR superior à das crianças com peso normal, mas o seu gasto energético é inferior (Epstein et al., 1989; Yu et al., 2002). Os investigadores explicam que os níveis mais baixos de atividade física das crianças com OWOB explicam o seu menor gasto energético (Melby et al., 1993). Este pode ser o caso das crianças com DPCD. Talvez as crianças com DPC sejam mais OWOB do que os seus pares sem DPC por serem tão inactivas. Talvez a ingestão de energia não desempenhe um papel tão importante nesta população como seria de esperar. São necessários estudos futuros para investigar esta questão longitudinalmente.

Seja qual for a razão que esteja a causar a associação negativa entre a ingestão de energia e o OWOB neste estudo e noutros, há que reconhecer que não é biologicamente possível. Um aumento da ingestão de energia leva ao OWOB quando todos os factores, como o gasto energético, são constantes. Os estudos futuros devem utilizar métodos longitudinais para excluir a possibilidade do momento do início da obesidade. Outros estudos devem também determinar a exatidão da informação sobre o consumo de energia do Harvard FFQ. É igualmente importante que estudos futuros avaliem a RMR, uma vez que é a maior parte do dispêndio de energia e dará uma imagem mais abrangente da associação entre o consumo de energia e o OWOB.

5.3Limitações e pontos fortes do estudo

5.3.1 Limitação da conceção transversal

Todos os resultados do presente estudo devem ser interpretados em função destas limitações. O desenho transversal não permite estabelecer qualquer relação causal. Por exemplo, uma vez que foi encontrada uma associação negativa entre a ingestão de energia e o OWOB nas raparigas, não é válido dizer que comer menos levará a uma maior massa corporal.

5.3.2 Prevalência

A prevalência da p-DCD neste estudo foi de 6,0%, o que é muito semelhante à prevalência canadiana relatada por Gibbs, Appleton, & Appleton (2007). No entanto, a prevalência foi de 4,8% no sexo masculino e de 9,3% no sexo feminino, o que é diferente da maioria dos estudos que referem que a prevalência é muito maior nos rapazes do que nas raparigas (Lingam et al., 2009; American Psychiatric Association, 2000). Este resultado pode ter sido devido ao facto de a classificação do estado da p-DCD não ter sido ajustada ao género, e de os rapazes terem pontuações mais elevadas no BOTMP-SF do que as raparigas. No entanto, esta classificação do estado de p-DCD não foi ajustada ao género em vários estudos anteriores que utilizaram os mesmos dados.

5.3.3 Medição de variáveis

Outro problema potencial foi a falta de informação disponível sobre a etnia, que se sabe estar associada ao OWOB. As crianças não caucasianas tendem a ser mais obesas do que as crianças caucasianas (Caprio et al., 2008). No entanto, esta pode não ser uma limitação tão grande, uma vez que as crianças da região de Niagara são predominantemente caucasianas.

Uma vez que as variáveis do estádio de Tanner não estavam disponíveis para este grande estudo populacional, o APHV foi utilizado como uma medida de substituição da maturidade. Embora esteja correlacionado com os estádios de Tanner (Val Abbassi, 1998; Tanner & Whitehouse, 1976), não é a melhor ferramenta para avaliar a maturidade, uma vez que a avaliação da altura sentada pode não ter sido medida com exatidão. No estudo PHAST, a altura sentada foi subtraída da altura em pé, pelo que é provável que o comprimento das pernas esteja subestimado devido à gordura dos glúteos. É provável que este viés subestime a maturidade utilizando o APHV nas raparigas p-DCD, uma vez que estas têm o IMC médio mais elevado.

A medição da ingestão de energia estava sujeita a um viés de auto-relato, uma vez que as crianças com excesso de peso e obesas são famosas por sub-relatarem a sua IE (Bandini, Must, Cyr, Goldberg, & Dietz, 1999; Johnson-Down, O'Loughlin, Koski, & Gray-Donald, 1997). Estas crianças tendem a mentir sobre o que consomem devido a sentimentos de auto-consciência e ao facto de se acharem "gordas" em comparação com os seus pares com peso normal. A subnotificação entre estas crianças pode explicar a associação negativa entre o consumo de energia e a massa corporal neste estudo (Gazzangia & Burns, 1993). Por outro lado, também é possível que as crianças OWOB possam estar a comer menos na tentativa de perder peso (Skinner et al., 2012). Além disso, uma vez que os rapazes tendem a ser menos conscientes do consumo de alimentos e bebidas do que as raparigas, a exatidão da ingestão de energia entre eles poderia ser reduzida, tornando a associação ingestão de energia - massa corporal mais próxima do valor nulo. Por outro lado, o QFA de Harvard auto-reportado foi validado (Longnecker et al., 1993; Willett et al., 1985; Hernandez-Aliva, Romieu, Parra, Hernandez-Aliva, Madrigal, & Willitt, 1998). Além disso, o QFA é um instrumento adequado para obter dados sobre o consumo de energia para este estudo específico.

O IMC não é a melhor forma de classificar o OWOB em crianças, uma vez que não mede a adiposidade. No entanto, o IMC foi validado e utilizado em muitos estudos publicados para classificar o OWOB (Cole et al., 2000). Foi altamente correlacionado (p=0,813) com a percentagem de gordura corporal medida por pletismografia de deslocamento de ar de corpo inteiro num estudo que utilizou dados PHAST (Chirico et al., 2011). Para além do IMC, foi utilizada a CC neste estudo. Os resultados obtidos com a utilização da CC foram semelhantes aos obtidos com o IMC. Além disso, Reilly, Dorosty, Ghomizadeh, Sherriff, Wells, & Ness (2010) descobriram que a CC era semelhante ao IMC na deteção da gordura corporal em crianças. De um modo geral, a utilização do IMC é adequada para a conceção do presente estudo, uma vez que é mais viável em comparação com outros instrumentos oportunos e dispendiosos, como a pesagem hidrostática.

5.3.4 Pontos fortes

Este estudo tem vários pontos fortes. A novidade deste estudo é importante para o conjunto da literatura sobre DCD, uma vez que este é o primeiro estudo a abordar a ingestão de energia nesta população. Esse mesmo conjunto de dados também foi utilizado por Cairney et al. (2009a). Isso acrescenta confiança a este estudo atual, uma vez que esses autores encontraram um alto valor preditivo positivo para o BOTMF-SF. Além disso, neste estudo, os factores de confusão, como a inatividade física, foram controlados na análise. O controlo da inatividade física e de outros factores é importante para a validade do estudo. A utilização de pontos de corte publicados em estudos anteriores para classificar a DCPD e o estado de massa corporal (peso normal vs. excesso de peso ou obesidade) é outro ponto forte.

5.4Direcções futuras

Estudos futuros devem investigar por que razão a ingestão de energia relatada foi menor nas raparigas com DCD-p em comparação com os seus pares, enquanto não houve diferença nos rapazes. Estudos futuros também devem investigar a razão pela qual se verificou uma associação negativa entre o consumo de energia e o OWOB nesta população, apenas nas raparigas. O próximo passo é conceber um estudo longitudinal para investigar o impacto (papel) do consumo de energia na relação entre a DCD-p e o OWOB.

5.5Conclusão

Nenhum estudo anterior relatou a associação entre a ingestão de energia e o OWOB em crianças com p-DCD. As raparigas com e sem DPC têm um consumo energético mais baixo, ao passo que o consumo energético é semelhante nos rapazes, independentemente do estatuto de DPC. Tanto as raparigas como os rapazes com DPCD são mais inactivos fisicamente e têm um IMC mais elevado do que os seus pares (ver Quadro 4.1.1-2). Sabe-se que o OWOB requer um balanço energético positivo. Uma vez que não há diferença na ingestão de energia nos rapazes com e sem DCD-P e que as raparigas com DCD-P consomem menos do que os seus pares, talvez a razão para a sua maior prevalência de OWOB resulte principalmente do aumento da inatividade física. A implicação clínica para o tratamento de crianças com DCD neste caso seria concentrar-se em intervenções que aumentem a atividade física, em vez de restringir a ingestão de energia.

Referências

Albertsson-Wikland, K., Rosberg, S., Lannering, B., Dunkel, L., Selstam, G., & Norjavaara, E. (1997). Twenty-four-hour profiles of luteinizing hormone folliclestimulating hormone, testosterone, and estradiol levels: a semilongitudinal study throughout puberty in healthy boys. *J Clin Endocrinol Metab, 82,* 541-549.

Associação Americana de Psiquiatria. (1994). *DSM-IV Manual de Diagnóstico e Estatística das Perturbações Mentais.* Washington, DC. Associação Americana de Psiquiatria. (2000). *DSM-IV-TR Diagnostic and Statistical Manual of Mental Disorders (Manual de Diagnóstico e Estatística das Perturbações Mentais).* Washington, DC.

Associação Americana de Psiquiatria. (2013). *Manual de Diagnóstico e Estatística das Perturbações Mentais* (Quinta ed.). Arlington, VA: American Psychiatric Publishing. pp. 747.

Bandini, L.G., Vu, D., Must, A., Cyr, H., Goldberg, A., & Dietz, W.H. (1999). Comparação do consumo de alimentos com alto teor calórico e baixo teor de nutrientes entre adolescentes obesos e não obesos. *Obes Res1999,* 7, 438-43.

Bardone-Cone, A.M., Joiner, T.E., Crosby, R.D., Crow, S.J., Klien, M.H., le Grange, D., ... Wonderlich, S.A. (2008). Examinar um modelo psicossocial interativo de compulsão alimentar e vómitos em mulheres com bulimia nervosa e bulimia nervosa sublimiar. *Beh Res Therapy, 46,* 887-894.

Barlow, S. E., & Dietz, W. H. (1998). Avaliação e tratamento da obesidade: recomendações do comité de peritos. The Maternal and Child Health Bureau, Health Resources and Services Administration, and the Department of Health and Human *Services.Pediatrics, 102,* 29.

Barnett, L., M., van Beurden, E., Morgan, P. J., Brooks, L. O., Beard, J. R. (2009). Childhood motor skill proficiency as a predictor of adolescent physical activity. *Journal of Adolescent Health, 44,* 252-259.

Bearman, S.K., Martinez, E., & Stice, E. (2006). The skinny on body dissatisfaction: a longitudinal study of adolescent girls and boys. *J Youth Adolesc, 35(2),* 217-229.

Belfort, C.A., Nazir, N., & Perri, M.G. (2012). Prevalência de obesidade entre adultos de áreas rurais e urbanas dos Estados Unidos: resultados do NHANES (2005-2008). Jornal de *Saúde* Rural, *28(4),* 392-397.

Beunen, G., Malina, R.M., Lefevre, J., Claessens, A.L., Renson, R., Simons J., ... Lysens, R. (1994). Size, fatness and relative fat distribution of males of contrasting maturity status during adolescence and as adults. *Int J Obes Relat Metab Disord, 18,* 670 -678.

Bhuiyan, M. U., Zaman, S., & Ahmed, T. (2013). Fatores de risco associados ao sobrepeso e obesidade entre crianças e adolescentes de escolas urbanas em Bangladesh: um estudo de caso-controle. *BMC Pediatrics,* 13, 72.

Biddle, S. J., Gorely, T., & Stensel, D. J. (2004). Atividade física benéfica para a saúde e comportamento sedentário em crianças e adolescentes. *Journal of Sports Sciences, 22,* 679-701.

Bitar, A., Vernet, J., Coudert, J., & Vermorel, M. (2000). Longitudinal changes in body composition, physical capacities and energy expenditure in boys and girls during the onset of puberty. *Eur JNutr, 39,* 157-163.

Blank, R., Smits-Engelsman, B., Polatajko, H., & Wilson, P. (2012). Academia Europeia para a Deficiência Infantil (EACD): recomendações sobre a definição, diagnóstico e intervenção para o distúrbio de coordenação do desenvolvimento (versão longa). *Dev Med Child Neurol, 54*(1), 54-93.

Booth, M., Okely, A. D., Chey, T., & Bauman, A. (2002). The reliability and validity of the Adolescent Physical Activity Recall *Questionnaire.Medicine & Science in Sports and Exercise, 34,* 1986-1995.

Booth, M.L., Okely, A.D., Chey, T., Bauman, A.E., & Macaskill, P. (2009). Epidemiologia da participação na atividade física entre os alunos das escolas de New South Wales. *Australian and New Zealand Journal of Public Health, 26(4),* 371-374.

Bosi, M.L.M., Luiz, R.R., Morgado, C.M.C., Costa, M.L.S., & Carvalho, R.J. (2006). Auto-percepgao da imagem corporal entre estudantes de nutrigao no Rio de Janeiro. *J Bras Psiquiatr,* 55(1), 34-40.

Bowman, S. A., & Vinyard, B. T. (2004). Fast food consumption of U.S. adults: Impact of energy and nutrient intakes and overweight statsus. *J Am Coll Nutr, 23*(2), 163-168.

Brambilla, P., Bedogni, G., Moreno, L. A., Goran, M. I., Gutin, B., Fox, K. R., ...& Pietrobelli, A. (2006). Crossvalidationof anthropometry against magnetic resonance imaging for the assessment of visceral and subcutaneous adipose tissue in *children.International Journal of Obesity, 30*(1), 23-30.

Bridger, T. (2009). Childhood obesity and cardiovascular disease (Obesidade infantil e doenças cardiovasculares). *Paediatr Child Health, 14(3),* 177-182. Bruininks, R.H. *Bruininks-Oseretsky test of motor proficiency: examiner's manual.* Serviço de Orientação Americano: Circle Pines, MN, 1978.

Bruner, M.W., Lawson, J., Pickett, W., Boyce, W., & Janssen, I. (2008). Os adolescentes rurais canadianos têm maior probabilidade de serem obesos do que os adolescentes urbanos. *International Journal of Pediatric Obesity* 2008, *3*(4), 205-211.

Cairney, J., Hay, J., Faught, B. E., Corna, L. M., & Flouris, A. (2006). Perturbação do desenvolvimento da coordenação, idade, jogo: Um teste da divergência no défice de atividade com a hipótese da idade. *Adapted Physical Activity Quarterly, 23,* 261-276.

Cairney, J., Hay, J., Faught, B. E., & Hawes, R. (2005b). Developmental coordination disorder and overweight and obesity in children aged 9-14 y. *International Journal of Obesity, 29,* 369-372.

Cairney, J., Hay., J., Faught, B., Mandigo, J., & Flouris, A. (2005a). Perturbação do desenvolvimento da coordenação, auto-eficácia em relação à atividade física e ao jogo: O género é importante? *Adapted Physical activity Quarterly, 22,* 67-82.

Cairney, J., Hay, J. A., Faught, B. E., Wade, T. J., Corna, L., & Flouris, A. (2005b). Developmental coordination disorder, generalized self-efficacy towards physical activity, and participation in organized and free play activities. *The Journal of Pediatrics, 147,* 515-520.

Cairney, J., Hay, J. A., Mandigo, J., Wade, T. J., Faught, B. E., & Flouris, A. (2007). Developmental coordination disorder and reported enjoyment of physical education in children (Perturbação do desenvolvimento da coordenação e prazer relatado na educação física em crianças). *Revista Europeia de Educação Física, 13*(1), 81-98.

Cairney, J., Hay, J., Veldhuizen, S., & Faught, B. (2011). Avaliação da composição corporal usando pletismografia de deslocamento de ar de corpo inteiro em crianças com e sem transtorno de coordenação do desenvolvimento. *Research in Developmental Disabilities, 32*, 830-835.

Cairney, J., Hay, J. A., Veldhuizen, S., Missiuna, C., & Faught, B. E. (2009a). Comparing probable case identification of developmental coordination disorder using the short form of the Bruininks-Oseretsky Test of Motor Proficiency and the Movement ABC. *Child Care Health Dev, 35*(3), 402-408.

Cairney, J., Hay, J. A., Veldhuizen, S., Missiuna, C., & Faught, B. E. (2009b). Perturbação do desenvolvimento da coordenação, sexo e défice de atividade ao longo do tempo: Uma análise longitudinal das trajectórias de participação em crianças com e sem dificuldades de coordenação motora. *Dev Med Child Neurol, 52*(3), 67-72.

Cairney, J., Hay, J., Veldhuizen, S., Missiuna, C., Mahlberg, N., & Faught, B. E. (2010). Trajectórias de peso relativo e perímetro da cintura em crianças com e sem perturbação do desenvolvimento da coordenação. *CMAJ, 182*(11), 1167-1172.

Cairney, J., Hay, J., Wade, T., Faught, B. E., & Flouris, A. (2007). Distúrbio de coordenação do desenvolvimento e prazer relatado na educação física em crianças. *European Physical Education Review, 13*(1), 81-98.

Cairney, J., Missiuna, C., Veldhuizen, S., & Wilson, B. (2008). Avaliação das propriedades psicométricas do questionário de coordenação do desenvolvimento para pais (DCD-Q): Resultados de um estudo comunitário com crianças em idade escolar. *Ciência do Movimento Humano, 27(6),* 932-940.

Cairney, J., Veldhuizen, S., Kurdyak, P., Missiuna, C., Faught, B. E., & Hay, J. A. (2007). Evaluating the CSAPPA sub-scales as potential screening instruments for developmental coordination disorder. *Archives of Disease in Childhood, 92(11),* 987-991.

Cantell, M. H., Smyth, M. M., & Ahonen, T. P. (1994). Desajeitamento na adolescência: Educational, motor, and social outcomes of motor delay detected at 5 years. *Adapted Physical Activity Quarterly, 11,* 115-129.

Caprio, S., Daniels, S.R, Drewnowski, A., Kaufman, F.R., Palinkas, L.A, Rosenbloom, A.L, & Schwimmer, J.B. (2008). Influence of race, ethnicity, and culture on childhood obesity: implications for prevention and treatment (Influência da raça, etnia e cultura na obesidade infantil: implicações para a prevenção e o tratamento). *Diabetes care, 31*(11), 2211-2221.

Castelli, D. M., & Valley, J. A. (2007). Capítulo 3: A relação da aptidão física e da competência motora com a atividade física. *Journal of Teaching in Physical Education, 26,* 358-374.

Causgrove Dunn, J, & Dunn, J. G. H. (2006). Determinantes psicossociais do comportamento da educação física em crianças com dificuldades de movimento. *Adapted Physical Activity Quarterly, 23,* 293-309.

Cermak, S., & Larkin, D. (Eds). (2002). *Developmental coordination disorder.* Albany, NY: Delmar.

Chang, Y.J., Lin, W., & Wong, Y. (2011). Survey on eating disordered-related thoughts, behaviors, and their relationships with food intake and nutritional status in female high school students in Taiwan. *J Am Coll Nutr, 30*(1): 39-48.

Chirico, D., O'Leary, D., Cairney, J., Klentrou, P., Haluka, K., Hay, J., Faught, B. (2010). Estrutura e função do ventrículo esquerdo em crianças com e sem transtorno de coordenação do desenvolvimento. *Research in Developmental Disabilities, 32*, 115-123.

Colley, R. C, Garriguet, D., Janssen I., Criag, C. L., Clarke, J., & Tremblay, M. S. (2011). Atividade física de crianças e jovens canadianos: Accelerometer results from the 2007 to 2009 Canadian Health Measures Survey...*Health Reports,22(1),* 15-23.

Cole, T. J., Bellizzi, M. C., Flegal, K. M., & Dietz, W. H. (2000). Establishing a standard definition for child overweight and obesity worldwide: international survey. *BMJ, 320,* 1240-1243.

Cutler, D.M., Glaeser, E.L., & Shapiro, J.M. (2003). Why have Americans become more obese? *J Econ Perspect, 17,* 93-118.

Daniels, S.R., Arnett, D.K., Eckel, R.H., Gidding, S.S., Hayman, L.L., Kumaniika, S., ... Williams, C.L. (2005). Excesso de peso em crianças e adolescentes: fisiopatologia, consequências, prevenção e tratamento. *Circulation, 111*(15), 1999-2012.

Danner, F.W. (2008). A national longitudinal study of the association between hours of TV viewing and the trajectory of BMI growth among US children. *J Pediatr Psychol, 33,* 1100-1107.

Dixon, A. K. (1983). Abdominal fat assessed by computed tomography: sex difference in distribution. *Clinical Radiology, 34,* 189-191.

Dupre, E. (1925). *Pathologie de L'lmagination et de LEmotivite.* Paris, Pavot.

Dunford, C., Missiuana, C., Street, E., & Sibert, J. (2005). As percepções das crianças sobre o impacto da perturbação do desenvolvimento da coordenação nas actividades da vida diária. *British Journal of Occupational Therapy, 68(5),* 207-214.

Epstein, L.H., Wing, R.R., Cluss, P., Fernstrom, M.H., Penner, B., Perkins, K.A., ... Valoski, A. (1989). Resting metabolic rate in lean and obese children: relationship to child and parent weight and percent overweight change. *Am J Clin Nutr, 49,* 331-336.

Fa'bry, P., Hejda, S., Cerny', K., Osancova', K., & Pechar, J. (1966). Effect of meal frequency in schoolchildren: changes in weight-height proportion and skinfold thickness. *Am J Clin Nutr, 18,* 358-361.

Fanelli, M. T., & Kurczmarski, R. J. (1984). O ultrassom como uma abordagem para avaliar a composição corporal. *American Journal of Clinical Nutrition, 39,* 703-709.

Faught, B. E., Hay, J. A., Cairney, J., & Flouris, A. (2005). Aumento do risco de doença vascular coronária em crianças com perturbação do desenvolvimento da coordenação. *Journal of Adolescent Health,* 37, 376-380.

Fisher, A., Reilly, J. J., Kelly, L. A., Montgomery, C., Williamson, A., Paton, J. Y., & Grant, S. (2005). Competências fundamentais de movimento e atividade física habitual em crianças pequenas. *Medicine & Science in Sports & Exercise, 37*(4), 684-688.

Flodmark, C.E., Lissau, I., Moreno, L.A., Pietrobelli, A., & Widhalm, K. (2004). New insights into the field of children and adolescents' obesity: the European perspective. *International Journal of Obesity,* 28(1), 1189-1196.

Ford, F. R. (1966). *Disease of the nervous system in infancy, childhood and adolescence* (5ª ed.). Springfield, IL: Charles C. Thomas.

Fox, K., Peters, D, Armstrong, N., Sharpe, P., & Bell, M. (1993). Abdominal fat deposition in 11-year-old children.*International Journal of Obesity, 17,* 11-16.

Freedman, D. S., Khan, L. K., Dietz, W. H., Srinivasan, S. R., & Berenson, G. S. (2001) Relationship of childhood obesity to coronary heart disease risk factors in adulthood: the Bogalusa Heart Study. *Pediatrics, 208,* 712-718.

Fulton, J.E., Dai, S., Steffen, L.M., Grunbaum, J.A., Shah, S.M., & Labarthe, D.R. (2009). Physical activity, energy intake, sedentary behavior, and adiposity in youth (Atividade física, consumo de energia, comportamento sedentário e adiposidade na juventude). *Am JPrevMed,* 37, S40-S49.

Keel, P.K., Fulkerson, J.A., & Leon, G.R. (1997). Precursores de distúrbios alimentares em raparigas e rapazes da pré e da primeira adolescência. *Journal of Youth and Adolescence, 26,* 203216.

Gaines, R., Missiuna, C., Egan, M., & McLean, J. (2008). O alcance educacional e os cuidados colaborativos melhoram o conhecimento percebido pelo médico sobre o transtorno de coordenação do desenvolvimento.

BMC Health Serv Res, 8, 21.

Garazhyan, S., Raftari, H., Zamani, M., Piri, E., Rakhshanizadeh, A., & Peeri, M. (2013). Os efeitos da hereditariedade na composição corporal e na aptidão cardiorrespiratória de pais e filhos. *Anais da Pesquisa Biológica,* 4(3), 41-45.

Gazzaniga, J. M., & Burns, T. L. (1993). Relationship between diet composition and body fatness, with adjustment for resting energy expenditure and physical activity, in preadolescent children. *Am J Clin Nutr,* 58, 21-28.

Geschwind, N. (1975). "As apraxias: Neural mechanisms of disorders of learned movements". *American Scientist, 63,* 188-195

Gibbs, J., Appleton, J, & Appleton, R. (2007). Dispraxia ou perturbação da coordenação do desenvolvimento: Unraveling the enigma. *Archives of Disease in Childhood, 92,* 534-539.

Gnavi, R., Spagnoli, T.D., Galotto, C., Pugliese, E., Carta, A., & Cesari, L. (2000). Socioeconomic status, overweight and obesity in prepuberal children: a study in an area of Northern Italy. *Eur J Epidemiol,* 16(9), 797-803.

Godin, G., & Shepard, R. J. (1985). A simple method to assess exercise behavior in the community. *Canadian Journal of Applied Sports Sciences, 10,* 141-146.

Goran, M. I., Kaskoun, M. C., & Shuman, W. P. (1995). Intraabdominal adipose tissue in young children. *International Journal of Obesity, 19,* 279-283.

Goran, M.I., Reynolds, K.D., & Lindquist, C.H. (1999). Role of physical activity in the presention of obesity in children (Papel da atividade física na presença de obesidade em crianças). *International Journal of Obesity, 23(3),* S18 S33.

Gower B.A., Nagy, T.R., Goran, M.I. (1999). Visceral fat, insulin sensitivity, and lipids in prepubertal children (Gordura visceral, sensibilidade à insulina e lípidos em crianças pré-púberes). *Diabetes, 48,* 1515-1521.

Green, D, & Wilson, N. B. (2008). A importância da opinião dos pais e da criança na deteção de alterações nas capacidades de movimento. *Canadian Journal of Occupational Therapy, 75*(4), 208-219.

Gueze, R. H. (2007). Distúrbio do desenvolvimento da coordenação: Uma revisão das abordagens actuais.

Marselha, França: Solal.

Guo, S. S., & Chumlea, W. C. (1999). Tracking of body mass index in children in relation to overweight in adulthood (Acompanhamento do índice de massa corporal em crianças em relação ao excesso de peso na idade adulta). *American Journal of Clinical Nutrition, 70,* 145-148.

Gwynne, K., & Blick, B. (2004). Motor performance checklist for 5-yesr-olds: a tool for identifying children at risk of developmental co-ordination disorder. *J Paediatric Child Health, 40(7),* 369-373.

Hands, B., & Larkin, D. (2006). Diferenças de aptidão física em crianças com e sem dificuldades de aprendizagem motora. *European Journal of Special Needs Education, 21*(4), 447-456.

Harter, S. (1982). The Perceived Competence Scale for Children (A Escala de Competência Percebida para Crianças). *Child Development, 55*(1), 87-97.

Hay, J. (1992). Adequação e predileção pela atividade física em crianças. *Clinical \ Journal of Sports Medicine, 2,* 192-201.

Hay, J. (1996). Previsão da seleção da aula de educação física no décimo ano a partir das auto-percepções relatadas nos sétimo, oitavo e nono anos. *Brock Education,* 659569.

Hay, J. (1999). Benefícios da atividade física na integração de crianças com dificuldades de aprendizagem na sala de aula. *Pediatric Exercise Science, 11,* 273.

Hay, J. & Donnelly, P. (1996). Sorting out the boys from the girls: teacher and student perceptions of student physical ability. *Avante, 2,* 36-52.

Hay, J.A., Hawes, R., Faught, B.E. (2004). Avaliação de um instrumento de rastreio para a perturbação da coordenação do desenvolvimento. *JAdolesc Health,* 34308-313.313.

Hay, J., & Missiuna, C. (1998). Proficiência motora em crianças que relatam baixos níveis de participação em atividade física. *Canadian Journal of Occupational Therapy, 65(2),* 64-71.

Hay, J., Hawes, R., & Faught, B.E. 2004. Avaliação de um instrumento de rastreio para a perturbação do desenvolvimento da coordenação. *JAdolecHealth, 34,* 308-313.

Hay, J.A., Hawes, R., Faught, B.E., Cairney, J., & Klentrou, N. (2001). Gender differences in satisfaction with body appearance as a function of body fat, aerobic fitness, activity levels, and self-efficacy. *Pediatric Exercise*

Science, 13(3), 279.

Haymes, E. M., Lundergen, H. M., Loomis, J. L., & Buskirk, E. R. (1976). Validade da técnica ultra-sónica como método de medição do tecido subcutâneo. *Annals of Human Biology, 3,* 245-251.

Henderson, S. E. & Sugden, D. A. Movement assessment battery for children. San Antonio Texas, EUA: Psychological Coorporation; 1992.

Henderson, S. E. & Sugden, D. A. (2007). *Bateria de Avaliação do Movimento para Crianças.* Segunda edição. Londres, The Psychological Corporation.

Herman, K. M., Craig, C. L., Guavin, L., & Katzmarzyk, P. T. (2009). Acompanhamento da obesidade e da atividade física desde a infância até à idade adulta: O Estudo Longitudinal da Atividade Física. *International Journal of Pediatric Obesity, 4*(4), 281-288.

Hernandez-Aliva, M., Romieu, I., Parra, S., Hernandez-Aliva, J., Madrigal, H., & Willitt, W. (1998). Validade e reprodutibilidade de um questionário de frequência alimentar para avaliar a ingestão alimentar de mulheres que vivem na Cidade do México. *Salud pública de méxico, 39*(40), 133-140.

Hill, R., & Davies, P. (2001). The validity of self-reported energy intake as determined using doubly labeled water technique. *Br JNutr,* 85,415-430.

Himes, E. M., Roche, A. F., & Siervogel, R. M. (1979). Compressibilidade das dobras cutâneas e a medição da gordura subcutânea. *American Journal of Clinical Nutrition, 32,* 1734-1740.

Hodgkin, E., Hamlin, M.J., Ross, J.J., & Peters, F. (2010). Obesidade, ingestão de energia e atividade física em crianças rurais e urbanas da Nova Zelândia. *Rural Remote Health, 10*(2), 1336.

Hoffman, D.J., Sawaya, A.L., Coward, W.A., Wright, A., Martins, P.A., de Nascimento, C., ...Roberts, S.B. (2000). Energy expenditure of stunted and nonstunted boys and girls living in the shantytowns of Sao Paulo, Brazil. *Am J Clin Nutr, 72*(4), 1025-1031.

Hu, F. B., Manson, J., Stampfer, M., Graham C., Liu, S., Solomon, C. G., & Willett, W. C. (2001). Diet, lifestyle, and the risk of type 2 diabetes mellitus in women. *The New England Journal of Medicine, 345(11'),* 790-797.

Huang, T.T., Johnson, M.S., Figueroa, R., Dwyer, J.H., & Goran, M. (2001). Growth of visceral fat, subcutaneous abdominal fat, and total body fat in children (Crescimento da gordura visceral, gordura abdominal subcutânea e gordura corporal total em crianças). *Obesity Research, 9*(5), 283-289.

Jago R, Baranowski T, & Yoo S. (2004). Relationship between physical activity and diet among African-American girls.Obes Res, 12S, 55S- 63S.

Jarus, T., Lourie-Gelberg, Y., Engel-Yeger, B., & Bart, O. (2011). Padrões de participação de crianças em idade escolar com e sem DCD. *Research in Developmental Disabilities, 32,* 1323-1331.

Jolliffe, D. (2004). Extent of overweight among US children and adolescents from 1971-2000 (Extensão do excesso de peso entre crianças e adolescentes dos EUA de 1971 a 2000). *Int J Obes, 28,* 4-9.

Johnson-Down, L., O'Loughlin, J., Koski, K. G., & Gray-Donald, K. (1997). Elevada prevalência de obesidade em crianças de baixos rendimentos e multiétnicas em idade escolar: A diet and physical activity assessment. *The Journal of Nutrition, 127*(12), 2310-2315.

Jones, D.C. (2004). Body image among adolescent girls and boys: Um estudo longitudinal. *Developmental Psychology, 40,* 823-835.

Kasesjo, B, & Gillberg, C. (1999). Developmental coordination disorder in Swedish 7- year-old children. *Journal of the American Academy of Child and Adolescent Psychiatry, 38,* 820-828.

Keshteli, A.H., Esmailzadeh, A., Rajaie, S., Askari, G., Feinle-Bisset, C., & Adibi, P. (2014). Um questionário semi-quantitativo de frequência alimentar baseado em pratos para avaliação da ingestão alimentar em estudos epidemiológicos no Irão: conceção e experiência. *Int JPrevMed, 5*(1), *29-36.*

Keskitalo, K., Tuorila, H., & Spector, T.D. (2008). The Three-Fator Eating Questionnaire, body mass index, and responses to sweet and salty fatty foods: a twin study of genetic and environmental associations. *Am J Clin Nutr, 88,* 263271.

Kindblom, J.M., Lorentzon, M., Norjavaara, E., Lonn, E., Brandberg, J., Angelhed, J., Hellqvist, A, ... Ohlsson, C. (2006). A altura da puberdade é um fator de previsão independente da adiposidade central em jovens adultos do sexo masculino. O *Estudo* de Determinantes da Osteoporose e Obesidade de Gotemburgo.

Kirby, A., Salmon, G., & Edwards, L. (2007). Attention Deficit Hyperactivity Disorder and developmental co-ordination difficulties: knowledge and practice among child and adolescent psychiatrists and paediatricians.

Psychiatric Bulletin, 31, 336-338.

Kirby, A., Sugden, D., Beveridge, S. & Edwards, L. (2008). Distúrbio de Coordenação do Desenvolvimento (DCD) em adultos e adolescentes. *Journal of Research in Special Education Needs, 8,* 120-31.

Klein-Platat, C., Wagner, A., Haan, M.C., Arveiler, D., Schlienger, J.L., & Simon, C. (2003). Prevalência e determinantes sociodemográficos do excesso de peso em jovens adolescentes franceses...*Diabetes/Metabolism Research Reviews,* 19(2), 153-158.

Klentrou, P., Hay, J., & Plyly, M. (2003). Habitual physical activity levels and health outcomes of Ontario youth (Níveis de atividade física habitual e resultados de saúde dos jovens do Ontário). *European Journal of Applied Physiology, 89(5),* 460465.

Larkin, D. & Rose, E. (2005). Avaliação da perturbação do desenvolvimento da coordenação. In: *Children with Developmental Coordination Disorder* (eds D. Sugden & M. Chambers), pp. 135-154. Whurr Publishers, Londres, Reino Unido.

de Lauzon-Guillain, B., Basdevant, A., & Romon, M. (2006). A restrição alimentar é um fator de risco para o aumento de peso numa população geral? *Am J Clin Nutr, 83,* 132-138.

Lavie, C.J., Milani, R.V., & Ventura, H.O. (2009). Obesidade e doença cardiovascular: fator de risco, paradoxo e impacto na perda de peso. *Cardiology, 53*(1), 1925-1932.

Lazarus, R., Baur, L., Webb, K., & Blyth, F. (1996). Body mass index in screening for adiposity in children and adolescents: systematic evaluation using receiver operating characteristic curves. *Am J Clin Nutr, 63,* 500506.

Lee, A., Hankin, B.L., & Mermelstein, R.J. (2010). Perceived social competence, negative social interactions, and negative cognitive style predict depressive symptoms during . *J Clin Child Adolesc Psychol, 39*(5), 603-615.

Lefebvre, C. & Reid, G. (1998). Previsão na captura de bolas por crianças com e sem uma perturbação de coordenação do desenvolvimento. *Adapted Physical Activity Quarterly, 15,* 299-315.

Lichtenstein, P., Carlstrom, E., Rastam, M., Gillberg, C., & Anckarsater, H. (2010). A genética das perturbações do espetro do autismo e das perturbações neuropsiquiátricas relacionadas na infância. *American*

Journal of Psychiatry, 167(11), 1357-1363.

Lingam, R., Golding, J., Johnmans, M.J., Ellis, M., & Edmond, A. (2010). A associação entre transtorno de coordenação do desenvolvimento e outros traços de desenvolvimento. *Pediatrics, 126,* e1109-e1118.

Lingam, R., Hunt, L., Golding, J., Jongmans, M., & Emond, A. (2009). Prevalência de transtorno de coordenação do desenvolvimento usando o DSM-IV aos 7 anos de idade: Um estudo de base populacional no Reino Unido. *Pediatrics, 123(4),* 693-700.

Lingam, R., Jongmans, M.J., Ellis, M., Hunt, L.P., Golding, J., & Emond, A. (2012). Dificuldades de saúde mental em crianças com transtorno de coordenação do desenvolvimento. *Pediatrics, 129,* 882-891.

Liu, J., Akseer, N., Faught, B. E., Cairney, J., & Hay, J. (2012). Utilização do rácio comprimento da perna/altura para avaliar o risco de excesso de peso e obesidade na infância: Resultados de um estudo de coorte longitudinal. *Annals of Epidemiology, 22*(2), 120-125.

Liu, J., Bennett, K.J., Harun, N., & Probst, J.C. (2008). Urban-rural differences in overweight status and physical inactivity among US children aged 10-17 years. *J Rural Health, 24*(4), 407-415.

Lluch, A., Herbeth, B., Mejean, L., & Siest, G. (2000). Dietary intakes, eating style and overweight in the Stanislas Family Study. *International Journal of Obesity*, 24, 1493-1499.

Longnecker, M.P., Lissner, L., Holden, J.M., Flack, V.F., Taylor, P.R., Stampfer, M.J., & Willett, W.C. (1993). The Reproducibility and Validity of a Self- Administered Semiquantitative Food Frequency Questionnaire in Subjects from South Dakota and Wyoming. *Epidemiology,* 4, 356-365

Lundy-Ekman, L., Ivry, R. B., Keele, S., & Woollacott, M. (1991). Défices de controlo do tempo e da força em crianças desajeitadas. *Journal of Cognitive Neuroscience, 3,* 367-376.

Maffeis, C., Schutz, Y., Zaffanello, M., Piccoli, R., & Pinelli, L. (1994). Gasto energético elevado e consumo energético reduzido em crianças pré-púberes obesas: paradoxo da fraca fiabilidade da dieta na obesidade? *JPediatr, 124,* 348-354.

Maffeis, C., Zaffanello, M., Pinelli, L., Schutz, Y. (1996). Total energy expenditure and patterns of activity in 8-10-year-old obese and nonobese children. *J Pediatr GastroenterolNutr,* 23, 256-261.

Magalhaes, L. C., Cardoso, A. A., & Missiuna, C. (2011). Atividades e participação em crianças com transtorno do desenvolvimento da coordenação: Uma revisão sistemática. *Investigação em Deficiências do*

Desenvolvimento, 32, 1309-1316.

Magarey, A.M., Daniels, L.A., Boulton, T.J., & Cockington, R.A. (2001). A ingestão de gorduras prediz a adiposidade em crianças e adolescentes saudáveis com idades compreendidas entre os 2 e os 15 anos? Uma análise longitudinal. *Eur J Clin Nutr, 55*(6), 471-481.

Malina, R.M., & Bouchart, C. (1991). Growth maturation and physical activity. Human Kinetics Books, Champaign, Illinois, pp 92-149.

Matheson, D.M., Killen, J.D., Wang, Y., Varady, A., & Robinson, T.N. (2004). Children's food consumption during television viewing. *Am J Clin Nutr, 79,* 1088-1094.

Maynard, L. M., Wisemandle, W., Roche, A. F., Chumlea, W. C., Guo, S. S., Siervogel, R. M. (2001). Composição corporal na infância em relação ao índice de massa corporal. *Pediatrics, 107,* 344-350.

McCorey, M.A., Suen, V.M., & Roberts, S.B. (2002). Biobehavioural influences on energy intake and adult weight gain. *JNutr, 132(12),* 380-384.

Melby, C., Scholl, C., Edwards, G., & Bullough, R. (1993). Effect of acute resistance exercise on postexercise energy expenditure and resting metabolic rate (Efeito do exercício agudo de resistência no gasto energético pós-exercício e na taxa metabólica de repouso). *J Appl Physiol, 75,* 1847-1853.

Miller, L. T., Missuina, C. A., Mcnab, J. J., Malloy-Miller, T., & Polatajko, H. J. (2001). Descrição clínica das crianças com perturbação do desenvolvimento da coordenação. *Canadian Journal of Occupational Therapy, 68,* 5-15.

Mirwald, R.L., Baxter-Jones, A.D.G., Bailey, D.A., & Beunen, G.P. (2002). Uma avaliação da maturidade a partir de medidas antropométricas. *Medicine and Science in Sportsand Exercise,* 34(4), 689-694.

Missiuna, C., Cairney, J., Pollock, N., Russell, D., Macdonald, K., Cousins, M., ... Schmidt, L. (2011). Uma abordagem faseada para identificar crianças com perturbação da coordenação do desenvolvimento na população. *Investigação em Deficiências do Desenvolvimento, 32,* 549-559.

Missiuna, C., Law, M., King, S., & King, G. (2006). Mysteries and mazes: parents' experiences of children with developmental coordination disorder. *Can J Occup Ther, 73,* 7-17.

Missiuna, C., Moll, S., King, S., King, G., & Law, M. (2007). A trajectory of troubles: parents' impressions of the impact of developmental coordination disorder. *Phys Occup TherPediatr, 27,* 81-101.

Missiuna, C., Rivard, L., & Bartlett, D. (2006). Explorando os instrumentos de avaliação e o objetivo da intervenção para crianças com perturbação do desenvolvimento da coordenação. *Phys Occup Ther Pediatr, 26*(1-2), 71-89.

Must, A. & Tybor, D.J. (2005). Physical activity and sedentary behavior: a review of longitudinal studies of weight and adiposity in youth. *Int J Obes (Lond), 29*(2S), S84 -96.

Neovius, M., Linne, Y., & Rossner, S. (2005). IMC, circunferência da cintura e relação cintura-quadril como testes de diagnóstico de adiposidade em adolescentes. *International Journal of Obesity, 29*(2), 163-169.

Okely, A. D., Booth, M. L., & Patterson, J. W. (2001). Relationship of physical activity to fundamental movement skills among adolescents (Relação entre atividade física e competências fundamentais de movimento em adolescentes). *Medicine & Science in Sports & Exercise, 22*(11), 1899-1904.

Olivardia, R. Imagem corporal e muscularidade. In: Cash TF, Pruzinsky T, eds. *Body image: a handbook of theory, research, and clinical practice (Imagem corporal: um manual de teoria, investigação e prática clínica).* Nova Iorque: Guilford Press, 2002:210-18.

Olsen, S. F., Halldorsson, T. L., Willett, W. C., Knudsen, V. K., Gillman, M. W., ...& Olsen, J. (2007). *American Journal of Clinical Nutrition,* 86, 1104-1110.

Orton, S. T. (1937). *Reading, Writing and Speech Problems In Children (Leitura, Escrita e Problemas de Fala em Crianças).* New York, W. W. Norton.Parsons, T.J., Power, C., Logan, S., &Summerbell, C.D. (1999).

Preditores da obesidade adulta na infância: uma revisão sistemática. *Int J Obes, 22*(8):S1- S107. Patterson, P. D., Moore, C. G., Probst, J. C., & Shinogle, J. A. (2004). Obesity and physical activity in rural American. *J Rural Health,* 20(2), 151-159.

Pearsall-Jones, J. G., Piek, J. P., Rigoli, D., Martin, N. C., & Levy, F. (2009). Uma investigação sobre as vias etiológicas do DCD e do TDAH usando um desenho de gêmeos monozigóticos. *Investigação sobre gémeos e genética humana, 12*(4), 381-391.

Piek, J.P, Baynam, G.B., & Barrett, N.C. (2006). The relationship between fine and gross motor ability, self-perceptions and self-worth in children and adolescents. *Hum Mov Sci, 25*(1), 65-75.

Pietilainen, K.H., Kaprio, J., Borg, P., Plasqui, G., Yki-Jarvinen, H., Kujala, U.M., Rose, R.J., ... Rissanen, A. (2008). Physical inactivity and obesity: a vicious circle. *Obesity, 16*(2), 409-414.

Plotnikoff, R. C., Bercovitz, K., & Loucaides, C. A. (2004). Physical activity, smoking, and obesity among Canadian school youth. Comparação entre escolas urbanas e rurais. *Canadian Journal of Public Health,* 95(6), 413-418.

Poehlman, E.T. (1989). A review: exercise and its influence on resting energy metabolism in man. *MedSci Sport Exer 1989;* 21, 515-525.

Polatajko, H. J. & Cantin, N. (2005). Perturbação da Coordenação do Desenvolvimento (Dispraxia): An Overview of the State of the *Art. Seminário Pediátrico, 12,* 250-258.

Poulsen, A.A. & Ziviani, J.M. (2004). Também posso brincar? Envolvimento na atividade física de crianças com perturbações do desenvolvimento da coordenação. *Canadian Journal of Occupational Therapy, 71*(2), 100-108.

Poulsen, A.A., Ziviani, J.M., & Cuskelly, M. (2008). Gasto energético da atividade física em tempo livre em rapazes com perturbação do desenvolvimento da coordenação: o papel das relações com os pares nas percepções do autoconceito. *OTJR, 28*(1), 30-39.

Poulsen, A.A., Ziviani, J.M., Cuskelly, M., & Smith, R. (2007). Boys with developmental coordination disorder: loneliness and team sports participation. *American Journal of Occupational Therapy, 61,* 451-462.

Prentice, A. M. (1998). Padrões de índice de massa corporal para crianças. *BMJ, 354,* 1874-1875.

Querne, L., Berquin, P., Vernier-Hauvette, M., Fall, S., Deltour, L. & Meyer, M. (2008). Disfunção da rede cerebral atencional em crianças com perturbação do desenvolvimento da coordenação: Um estudo de fMRI. *Brain Research, 1244,* 89-102.

Reilly, J., Dorosty, A. R., Ghomizadeh, N. M., Sherriff, A., Wells, J. C., & Ness, A. R. (2010). Comparação dos percentis do perímetro da cintura com os percentis do índice de massa corporal para o diagnóstico da obesidade numa grande coorte de *crianças. International Journal of Pediatric Obesity, 5,* 151-156.

Rey-Lopez, J.P., Vicente-Rodriguez, G., Biosca, M., & Moreno, L.A. (2008). Comportamento sedentário e desenvolvimento da obesidade em crianças e adolescentes. *Nutr Metab Cardiovasc Dis, 18,* 242-251.

Rippe, J.M., & Hess, S. (1998). O papel da atividade física na prevenção e gestão da obesidade. *J Am Diet Assoc,* 2, 31-38.

Ritchie, L.D. (2012). A ingestão menos frequente de alimentos prediz maior IMC e circunferência da cintura em adolescentes do sexo feminino. *Am J Clin Nutr, 95(2),* 290-296.

Rivard, L. M., Missuina, C., Hanna, S. & Wishart, L. (2007). Compreender as percepções dos professores sobre as dificuldades motoras das crianças com perturbação da coordenação do desenvolvimento (DCD). *British Journal of Educational Psychology, 77,* 633-648.

Rivilis, I., Hay, J., Cairney, J, Klentrou, P., Liu, J., & Faught, B. E. (2011). Atividade física e aptidão física em crianças com transtorno de coordenação do desenvolvimento: Uma revisão sistémica. *Research in Developmental Disabilities, 32,* 894-910.

Rivilis, I., Liu, J., Cairney, J., Hay, J. A., Klentrou, P., & Faught, B. E. (2012). Um estudo de coorte prospetivo comparando a carga de trabalho em crianças com e sem transtorno de coordenação do desenvolvimento. *Research in Developmental Disabilities,* 33, 443-448.

Roberts, K.C., Shields, M., Groh, M.D., Aziz, A., & Gilbert, J.A.. (2012). Excesso de peso e obesidade em crianças e adolescentes: Resultados do Inquérito Canadiano de Medidas de Saúde de 2009 a 2011. *Relatórios de Saúde,* 23(3), 1-5.

Rocandio, A. M., Ansotegui, L., & Arroyo, M. (2001). Comparação da ingestão alimentar entre crianças em idade escolar com e sem excesso de peso. *International Journal of Obesity,* 25, 1651-1655.

Rodriguez-Artalejo, F., Garces, C., Gorgojo, L., Lopez, G.E., Martin-Moreno, J.M., Benavente, M., ... de Oya M. (2002). Padrões alimentares entre crianças de 6-7 anos em quatro cidades espanholas com mortalidade cardiovascular muito diferente. *Jornal Europeu de Nutrição Clínica, 56,* 141-149

Roemmich, J.N., Clark, P.A., Mai, V., Berr, S.S., Weltman, A., Veldhuis, J.D., & Rogol, A.D. (1998). Alterações no crescimento e na composição corporal durante a puberdade: III. Influência da maturação, sexo, composição corporal, distribuição de gordura, aptidão aeróbica e gasto energético na libertação nocturna da hormona do crescimento. *J Clin Endocrinol Metab, 83,* 1440-1447

Rose, B., Larkin, D., & Berger, B.G. (1997). Influências da coordenação e do género nas competências percebidas das crianças. *Adapted Physical Activity Quarterly, 12,* 210-221. Rose, B., Larkin, D., & Berger,

B.G. (1998). A importância da coordenação motora para as orientações motivacionais das crianças no desporto. *Adapted Physical Activity Quarterly, 15,* 316-327.

Rowland, T. (1992).Trainability of the cardiorespiratory system during childhood. *Jornal Canadiano de Ciências do Desporto, 17* (4), 259-263.

Ruan, D., Chen, G., Kerre, E.E. & Wets G. Intelligent Data Mining: Técnicas e aplicações. Estudos em Inteligência Computacional Vol. 5 Springer 2005.

Sallis, J. F., Buono, M. J., Roby, J. J., Micale, F. G., & Nelson, J. A. (1993). Seven-day recall and other physical activity self-reports in children and adolescents. *Medicine & Sports Science in Sports and Exercise, 25*(1), 99-108.

Schott, N., Alof, V., Hultsch, D., & Meermann, D. (2007). Aptidão física em crianças com perturbação do desenvolvimento da coordenação. *Res Q Exer Sport, 78(5),* 438-450.

Scott, W.D., & Dearing, E. (2012). Um estudo longitudinal de autoeficácia e sintomas depressivos em jovens de uma tribo das planícies da América do Norte 1. *Desenvolvimento e Psicopatologia, 24(2),* 607-622.

Semiz, S., Ozgoren, E., & Sabir, N. (2007). Comparação de métodos ultra-sonográficos e antropométricos para avaliar a gordura corporal na obesidade infantil. *International Journal of Obesity, 31,* 53-58.

Shomaker, L.B., Tanofsky-Kraff, M., Savastano, D.M., Kozlosky, M., Columbo, K.M., Wolkoff, L.E., ... Yanovski, J.A. (2010). Puberdade e ingestão de energia observada: rapaz, eles podem comer! *Am J Clin Nutr, 92(1),* 123-129.

Siervogel, R.M., Demerath, E.W., Schubert, C., Remsberg, K.E., Chumlea, W.C., Sun, S., .Towne, B. (2003). Puberty and body composition. *Horm Res,* 60, 36-45.

Silman, A., Cairney, J., Hay, J., Klentrou, P., & Faught, B. E. (2011). O papel da atividade física e da perceção de adequação no pico de potência aeróbica em crianças com distúrbio de coordenação do desenvolvimento. *Human Movement Science, 30,* 672-681.

Skinner, A.C., Steiner, M.J., & Perrin. (2010). Consumo de energia auto-relatado por idade em crianças com excesso de peso e peso saudável no NHANES, 2001-2008. *Pediatrics, 130,* e936-e942.

Skinner, R.A. & Piek, J.P. (2001). Implicações psicossociais da má coordenação motora em crianças e adolescentes. *Human Movement Science, 20,* 73-94.

Smith, C.P., Dunger, D.B., Williams, A.K.J., Taylor, A.M., Perry, L.A., Gale, E.A.M., ... Savage, M.O. (1989). Relação entre a insulina, o fator de crescimento semelhante à insulina I e as concentrações de sulfato de dehidroepiandrosterona durante a infância, a puberdade e a vida adulta. *J Clin Endocrinol Metab,* 68, 932-937.

Smyth, M. M., & Anderson, H. I. (2000). Coping with Clumsiness in the school playground: social and physical play in children with coordination impairments. *British Journal of Developmental Psychology, 18(3),* 389-413.

Sonneville, K.R., Horton, N.J., Micali, N., Crosby, R.D., Swanson, S.A., Solmi, F., & Field, A.E. (2013). Associações longitudinais entre compulsão alimentar e comer em excesso e resultados adversos entre adolescentes e adultos jovens: a perda de controle doe importa? *JAMA Pediatr, 167(2),* 149-155.

Speakman, J.R. & Selman, C. (2003). Physical activity and resting metabolic rate (Atividade física e taxa metabólica em repouso). *Proc Nutr Soc, 62(3),* 621-624.

Spironello, C., Hay, J., Missiuna, C., Faught, B. E., & Cairney, J. (2009). Concurrent and construct validation of the short form of the Bruininks-Oseretsky Test of Motor Proficiency and the Movement-ABC when administered under field conditions: implications for screening. *Child: care, health, and development, 36*(4), 499-507.

Stampfer, M. J., Hu, F. B., Manson, J. E., Rimm, E. B., & Willett, W. C. (2000). Primary Prevention of Coronary Heart Disease in Women through Diet and Lifestyle (Prevenção primária de doença cardíaca coronária em mulheres através de dieta e estilo de vida). *New England Journal of Medicine, 343(1'),* 16-22.

Starling, R.D., Matthews, D.E., Ades, P.A., & Poehlman, E.T. (1999). Avaliação da atividade física em indivíduos idosos: um estudo com água duplamente marcada. *J Appl Physiol, 86(6),* 2090-2096.

Staten, L.K., Taren, D.L., Howell, W.H., Tobar, M., Poehlman, E.T., Hill, A., ...Ritenbaugh, C. (2001). Validação do Questionário de Frequência de Atividade do Arizona utilizando água duplamente marcada. *Med Sci Sports Exerc, 33*(11), 19591967.

Statistics Canada. (2006). Quadro 051-0001 estimativas da população, por grupo etário e sexo, Canadá, províncias e territórios, anual (pessoas).Statistics Canada. Disponível em http://cansim2.statcan.ca/cgiwin/cnsmcgi.pgm?&Lang=E&ArrayI d=510001&Array_Pick=

1&Detail=1&ResultTemplate=CII/CII&RootDir=CII/ Acedido em dezembro de 2012.

Stewart, K. J, Seemans, C., McFarland, L. D, Weinhofer, J. J, & Brown, C. S. (1999). Dietary fat and cholesterol intake in young children compared with recommended levels. *J Cardiopulmonary Rehabil,* 19, 112-117.

Story, M.. Necessidades nutricionais durante a adolescência. In: McAnarney ER, Kreipe RE, Orr DE, Comerci GD, eds. Textbook of adolescent medicine. Philadelphia: W.B. Saunders, 1992:75-84.

Sun, M., Gower, B.A., Bartolucci, A.A., Hunter, G.R., Figueroa-Colon, R., & Goran, M.I. (2001). A longitudinal study of resting energy expenditure relative to body composition during puberty in African American and white children. *Am J Clin Nutr, 73,* 308-315.

Tanner, J.M., &Davies, P.S.W. (1985*).* Padrões clínicos longitudinais de altura e velocidade de altura para crianças norte-americanas. J Pediatr *107,* 317-329.

Tanner, J.M., &Whitehouse, R.H. (1976). The adolescent growth spurt of boys and girls of the Harpenden Growth Study. *Ann Hum Biol* 3, 109-126.

Thompson, F.E., & Byers, T. (1994). Dietary assessment resource manual. *J Nutr, 124*(suppl), 2245S-317S.

Tremblay, M.S., & Willms, J.D. (2000). Secular trends in the body mass index of Canadian children (Tendências seculares no índice de massa corporal das crianças canadianas). *Canadian Medical Association Journal, 163* (11), 1429-1433.

Trumble-Waddell, J.E., Campbell, M.L., Armstrong, L.M., & Macpherson, B.D. (1998). Fiabilidade e validade do registo estimado de três dias da ingestão de alimentos fornecido pelos pais e encarregados de educação de crianças em idade pré-escolar em famílias com dois rendimentos. *Can J Diet PractRes,* 59(2), 83-89.

Tsai, M.R., Chang, Y.J., Lien, P.J., & Wong, Y. (2011). Inquérito sobre pensamentos, comportamentos e ingestão alimentar relacionados com distúrbios alimentares em estudantes do ensino secundário do sexo feminino em Taiwan. *Asia Pac J Clin Nutr, 20*(2), 196-205.

Tsang, W.W., Guo, X., Fong, S.S., Mak, K.K., & Pang, M.Y. (2012). A intensidade da participação na atividade está associada ao desenvolvimento esquelético em crianças pré-púberes com perturbação da coordenação do desenvolvimento. *Res Dev Disabil, 33*(6), 1898-1904.

Gabinete do Censo dos EUA. (2006). Estimativas da população nacional - caraterísticas. Disponível em http://www.census.gov/popest/national/asrh/NC-EST2005-sa.html Acesso em dezembro de 2012.

Vaivre-Douret, L. (2007). Problemas de aprendizagem não verbal: as dispraxias desenvolvimentais. *Archives de Pediatre, 14,* 1341-1349.

Vaivre-Douret, L., Lalanne, C., Ingster-Moati, I., Boddaert, N., Cabrol, D., Dufier, J., ... Falissard, B. (2011). Subtipos de transtorno de coordenação do desenvolvimento: Investigação sobre a sua natureza e etiologia. *Neuropsicologia do Desenvolvimento, 36*(5), 614-643.

Val Abbassi. (1998). Growth and normal puberty. *Pediatria, 102*(3), 507-511.

Van Baak, M.A. (1999). Physical activity and energy balance (Atividade física e balanço energético). *Public Health Nutrition, 2*(3a), 335-339.

Wang, Y. (2002). A obesidade está associada a uma maturação sexual mais precoce? A comparison of the association in American boys vs girls. *Pediatrics, 110*(5), 903- 910.

Wang, T. N., Tseng, M. H., Wilson, B. N., & Hu, F. C. (2009). Desempenho funcional de crianças com perturbação do desenvolvimento da coordenação em casa e na escola. *Dev Med Child Neurol, 51*(10), 817-825.

Ward, D. S., Evenson, K. R., Vaughn, A., Rodgers, A. B., & Troiano, R. P. (2005). Utilização do acelerómetro na atividade física: Melhores práticas e recomendações de investigação. *Medicine & Science in Sports & Exercise, 37*(11), 582-588.

Welk, G., Differding, J., Thompson, R., Blair, S., Dziura, J., & Hart, P. (2000). The utility of the Digi-Walker step counter to assess daily physical activity patterns (A utilidade do contador de passos Digi-Walker para avaliar os padrões de atividade física diária). *Medicine and Science in Sports and Exercise, 32,* S481-S488.

Whitaker, R.C., Wright, J.A., Pepe, M.S. (1997). Predicting obesity in young adulthood from childhood and parental obesity (Previsão da obesidade na idade adulta jovem a partir da obesidade infantil e parental). *N Engl J Med, 337,* 869-873.

Williams, H. G., Pfeiffer, K. A., O'Neil, J. R., Dowda, M., McIver, K. L., Brown, W. H., & Pate, R. R. (2008). Motor skill performance and physical activity in preschool children (Desempenho das capacidades motoras e atividade física em crianças em idade pré-escolar). *Obesity, 16,* 1421-1426.

Willett, W. (2001). Commentary: Dietary diaries versus food frequency questionnaires - a case of indigestible data. *Int J Epidemiol, 30(20)* 317-319.

Willet, W.C., Sampson, L., Stampfer, M.J., Rosner, B., Bain, C., Witschi, J., ... Speizer, \ F.E. (1985). Reprodutibilidade e validade de um questionário semiquantitativo de frequência alimentar. Am J Epidemiol, 122(1), 51-65.

Organização Mundial de Saúde (1992) *International Statistical Classification of Diseases and Related Health Problems, 10th edn, Vol. 1, ICD-10.*Genebra, OMS.

Organização Mundial de Saúde. *Obesidade: prevenir e gerir a epidemia global: relatório de uma consulta da OMS sobre obesidade:* OMS: Genebra; 1998

Organização Mundial de Saúde. *Recomendações Globais sobre Atividade Física para a Saúde.* Genebra, Organização Mundial da Saúde, 2010.

Wrotniak, B. H., Epstein, L. H., Dorn, J. M., Jones, K. E., & Kondilis, V. A. (2006). Therelationship between motor proficiency and physical activity in children. *Pediatrics, 118(6),* 1758-1765.

Wu, Q., Suzuki, M. (2006). A obesidade e o excesso de peso dos pais afectam a acumulação de gordura corporal na descendência: o possível efeito de uma dieta rica em gordura através da herança epigenética. *Obesity Reviews,* 7(2), 201-208.

Yu, C.W., Sung, R.Y.T., So, R., Lam, K., Nelson, E.A.S., Li, A.M.C., ... Lam, P.K.W. (2002). Gasto energético e atividade física de crianças obesas: estudo transversal. *Hong Kong Med J,* 8, 313-317.

Zwicker, J. G., Missiuana, C., & Boyd, L. A. (2009). Neural correlates of developmental coordination disorder: A review of hypotheses. *Journal of Child Neurology, 24*(10), 1273-1280.

Zwicker, J. G., Missiuana, C., Harris, R. R., & Boyd, L. A. (2012). Transtorno de coordenação do desenvolvimento: Um estudo piloto de imagem por tensor de difusão. *Pediatric Neurology, 46,* 162-167.

Apêndices

Anexo A: Tabela de resumo demográfico com exclusão de dados em falta e Outliers

Tabela A1. Resumo dos resultados por estado de p-DCD nas pessoas incluídas e excluídas em termos de dados de ingestão de energia (N=1935)

	p-DCD Included	Non-DCD Included	p-DCD Excluded	Non-DCD Excluded
N	115	1820	95	1587
Males (%)	35.7*	52.1	33.7*	52.1
Age (yrs, mean [SD])	12.4 [0.4]	12.4 [0.3]	12.4 [0.3]	12.4 [0.3]
BMI (kg/m^2 [SD])	23.7 [5.1]*	19.8 [3.7]	24.1 [5.2]	19.8 [3.7]

*Nota: comparação efectuada entrep-DCD e não-DCD. *Indica uma diferença estatisticamente significativa (p<0,05).*

Apêndice B: Resultados adicionais do consumo de energia

Figura B1. Mediana do consumo energético (kcal/dia) em crianças com e sem DPCD de acordo com o género (N=1695)

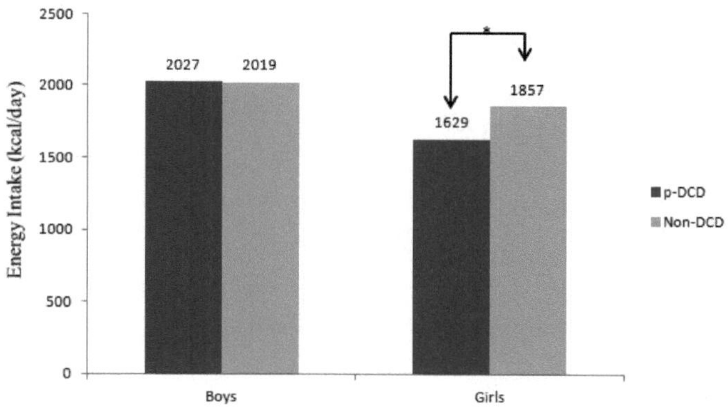

**Nota:* Diferença significativa entre a DCPD e a não DCPD nas raparigas (p=0,003).*

Apêndice C: Resultados adicionais da regressão logística

Tabela C1. Análises de regressão logística da DCPD e da ingestão de energia na circunferência da cintura alta, por género

	N	p-DCD	Consumo de energia	χ^2
Rapazes				
Modelo 1	991	3.42 (1.86, 6.42)*		15.3
Modelo 2	858	3.16 (1.55, 6.45)*		10.6
Modelo 3	858	3.24 (1.56, 6.74)*	0.90 (0.77, 1.05)	16.0
Modelo 4	858	3.35 (1.57, 7.15)*	0.89 (0.76, 1.05)	77.8
Raparigas				

Modelo 1	938	6.46 (3.90, 10.72)*		59.7
Modelo 2	817	6.57 (3.76, 11.49)*		69.5
Modelo 3	817	6.32 (3.60, 11.07)*	0.78 (0.65, 0.94)*	73.3
Modelo 4	817	5.03 (2.80, 9.02)*	0.77 (0.64, 0.93)*	119.8

*CC elevada (≥ 76,0 cm nos rapazes e ≥ 76,2 cm nas raparigas). OR (IC 95%); EI transformado para EI/1027,1 nos rapazes e EI/882,9 nas raparigas para tornar o OR mais interpretável. *Indica resultado estatisticamente significativo (p < 0,05).* χ^2 *indica razão de verossimilhança do modelo para covariáveis.*

Modelo 1: incluiup-DCD e residência.

Modelo 2: incluiu o Modelo 1 e a inatividade física.

Modelo 3: inclui o modelo 2 e a IE.

Modelo 4: inclui o modelo 3 e o estado de maturidade.

Tabela C2. Análises de regressão logística da DCPD e da inatividade física no estado de excesso de peso ou obesidade por sexo

	N	p-DCD	Inatividade física	χ2
Rapazes				
Modelo 1	991	4.01 (2.13, 7.58)*		19.4
Modelo 2	991	3.37 (1.76, 6.43)*	1.13 (1.05, 1.22)*	30.7
Modelo 3	858	3.24 (1.56, 6.74)*	1.12 (1.04, 1.21)*	16.0
Modelo 4	858	3.35 (1.57, 7.15)*	1.13 (1.05, 1.23)*	77.8
Raparigas				
Modelo 1	938	4.17 (2.56, 6.78)*		34.5
Modelo 2	938	4.09 (2.51, 6.66)*	1.05 (0.96, 1.14)	35.9
Modelo 3	817	4.74 (2.76, 8.13)*	1.06 (0.97, 1.16)	45.2
Modelo 4	817	3.16 (1.78, 5.61)*	1.09 (0.99, 1.19)	103.1

Excesso de peso e obesidade (IMC≥ 21,48 kg/m^2 *nos rapazes e ≥ 22,02 kg/m*^{2} *nas raparigas). OR (IC 95%); *Indica resultado estatisticamente significativo (p < 0,05).* χ^2 *indica razão de verossimilhança do modelo para covariáveis.*
Modelo 1: incluiup-DCD e residência.

Modelo 2: incluiu o Modelo 1 e a inatividade física.

Modelo 3: inclui o modelo 2 e a IE

Modelo 4: incluiu o modelo 4 e o estado de maturidade.

Apêndice D: Descrições dos estudos que avaliam a associação entre a ingestão de energia e a massa corporal

Skinner, Steiner, & Perrin (2012) examinaram a relação entre a ingestão de energia e a massa corporal utilizando recordatórios de dois dias de 24 horas e percentis de IMC dos Centros de Controlo e Prevenção de Doenças. Verificaram que os adolescentes com idades compreendidas entre os 12 e os 14 anos que tinham excesso de peso ou eram obesos consumiam menos energia do que os que tinham um peso saudável. Nas raparigas, por exemplo, o consumo médio de energia no grupo com peso saudável foi de 1893 kcal/dia, contra

1794, 1783 e 1484 kcal/dia nos grupos com excesso de peso, obesos e muito obesos, respetivamente. Embora a diferença não tenha sido tão significativa como nas raparigas, observou-se uma tendência muito semelhante nos rapazes. Nos rapazes, a ingestão média de energia no grupo de peso saudável foi de 2291 kcal/dia vs. 2209, 2117 e 2024 kcal/dia nos grupos de excesso de peso, obesidade e muito obesidade, respetivamente. O autor refere que este resultado pode ser consequência de um aumento da ingestão de energia que pode ter levado a um início precoce da obesidade anos antes da data em que o estudo foi efectuado.

Rocandio, Ansotegui, & Arroyo (2001) examinaram as diferenças no consumo de energia entre 32 crianças com e sem excesso de peso, com 11 anos de idade. O consumo de energia foi estimado utilizando um registo de dieta ponderada de 7 dias, em que um nutricionista registado deu formação aos pais das crianças para registarem o que estas consumiam. O estado do peso corporal foi medido utilizando percentis de IMC (o ponto de corte para o excesso de peso foi o percentil 90th). Os investigadores verificaram que o consumo de energia e de hidratos de carbono era significativamente inferior no grupo com excesso de peso em comparação com o grupo sem excesso de peso (2148 vs. 2302 kcal/dia e 222 vs. 251 g/dia, respetivamente). O consumo de gorduras e proteínas foi muito semelhante em ambos os grupos. Embora um dos limites deste estudo tenha sido a pequena dimensão da amostra, os autores concluíram que a crença de que as crianças com excesso de peso consomem mais do que as crianças com peso normal não é verdadeira e que o balanço energético positivo que conduz a um estado de excesso de peso se deve provavelmente a um baixo débito energético (possivelmente devido a estilos de vida sedentários).

Bandini, Must, Cyr, Goldberg, & Dietz (1999) estudaram a associação entre a ingestão de energia e a obesidade em 43 crianças com idades compreendidas entre os 12 e os 18 anos. A ingestão de energia foi estimada a partir de um registo alimentar de 14 dias, e um nutricionista registado deu formação aos participantes sobre como manter os seus registos. Com a utilização de um incentivo financeiro, os participantes foram solicitados a rever os seus registos alimentares várias vezes com assistentes de investigação para garantir a sua exatidão. O gasto energético total e o estado de obesidade foram medidos através da água duplamente marcada e do IMC, respetivamente. O objetivo de ter em conta o gasto energético era avaliar a possível subnotificação. Os investigadores verificaram que tanto os grupos de não obesos como os de obesos subnotificaram a ingestão de energia, mas a subnotificação foi muito maior no grupo de obesos. A ingestão de energia proveniente de alimentos com elevado teor calórico e baixo teor de nutrientes foi menor no grupo de obesos. Com base nos resultados deste estudo, os autores explicam que não existem provas que sustentem a afirmação de que os adolescentes obesos comem mais do que os adolescentes não obesos.

Llunch, Herbeth, Mejean, & Siest (2000) incluíram numa amostra 290 raparigas com uma idade média de 15,8 anos. Utilizaram um registo de dieta de 3 dias e o IMC para medir o consumo de energia e o estado do peso, respetivamente. Os autores encontraram uma correlação negativa significativa e fraca entre o consumo de energia e o IMC (r = -0,19)

Num outro estudo, Tucker, Seljaas, & Hager (1997) mediram o consumo de energia e a percentagem de gordura corporal utilizando o National Cancer Institute FFQ e a média de duas equações de dobras cutâneas. Verificaram que o consumo de energia proveniente de hidratos de carbono estava negativamente associado à adiposidade em 253 crianças com 10 anos de idade.

Stewart, Seemans, McFarland, Weinhofer, & Brown (1999) utilizaram registos de dieta de 24 horas e a espessura das pregas cutâneas e o IMC para medir o consumo de energia e a obesidade, respetivamente. Foram inquiridas 468 crianças com uma idade média de 9 anos. Verificaram que as crianças mais gordas consumiam menos calorias do que as mais magras.

Garaulet, Martinez, Victoria, Perez-Llamas, Ortega, & Zamora (2000) estudaram a associação entre o consumo de energia e o estado de excesso de peso e obesidade em 331 adolescentes com idades compreendidas entre os 14 e os 18 anos. Foram utilizados registos alimentares prospectivos de 7 dias e o IMC para medir o consumo de energia e o estado de obesidade, respetivamente. O grupo com excesso de peso subnotificou o consumo de energia e consumiu menos energia e hidratos de carbono do que o grupo com peso normal.

A frequência alimentar tem sido positivamente associada à ingestão de energia (Cutler, Glaeser, & Shapiro, 2003), pelo que Ritchie (2012) tentou investigar a relação entre uma medida objetiva da frequência alimentar (registos de dieta de 3 dias) e a adiposidade (IMC e CC) num estudo de coorte de 10 anos que envolveu 2379 raparigas com idades entre os 9 e os 10 anos no início do estudo. Este autor verificou que uma menor frequência alimentar previa um maior ganho de adiposidade nas raparigas.

Resultados semelhantes aos do estudo anterior foram encontrados num estudo de intervenção não aleatório de um ano realizado por Fabry, Hejda, Cerny, Osancova, Pechar, & Zvolankova (1966) que envolveu 226 crianças com idades compreendidas entre os 6 e os 16 anos. Neste estudo, havia três grupos de frequência de refeições atribuídos de forma não aleatória: uma frequência reduzida (três vezes/dia), uma frequência aumentada (sete vezes/dia) e uma frequência normal (cinco vezes/dia). A gordura corporal foi medida através da espessura da prega cutânea. Os autores concluíram que um aumento da frequência alimentar (sete ou cinco vezes/dia em comparação com três vezes/dia) resultou num menor aumento de peso apenas em crianças entre os 10 e os 16 anos de idade. Os autores referem que o mecanismo potencial para este resultado pode ser o resultado de diferenças na puberdade.

Apêndice E: Análises agrupadas

Tabela E1. Caraterísticas dos participantes com idades compreendidas entre os 11 e os 13 anos no estudo PHAST (2007), por estatuto de p-DCD (N=1975)

	p-DCD	Não-DCD	valor de p
N	119	1856	
Homens (%)	35.3	52.2	0.0003
Idade (anos, média [DP])	12.4 [0.3]	12.4 [0.4]	0.823
Habitação rural (%)^	28.6	36.4	0.086
IMC (IMC, média [DP]) ^	23.7 [5.1]	19.8 [3.7]	<0.0001
PiA (pontuação, média [DP]^	8.3 [1.9]	7.4 [1.9]	<0.0001
APHV (anos, média [DP]^	-2.41 [0.48]	-2.29 [0.46]	0.019
IE (g/dia, média [DP]^	1909 [898]	2174 [967]	0.009
EI (g/dia, mediana [Q1-Q3]) ^	1673 [1344-2321]	1949 [1509-2661]	0.005

PiA inatividade física; EI ingestão de energia; IMC índice de massa corporal; APHV velocidade da altura da idade para o pico. ^Indica alteração do tamanho da amostra.

Tabela E2. Matriz de correlação de Pearson da PM, IMC, CC, PiA, IE e APHV

	PM	IMC	WC	PiA	EI	APHV
PM		-0.320	-0.330	-0.069	**0.087**	0.0135
		<0.0001	<0.0001	0.002	0.0003	0.558
		1935	1938	1935	1695	1899
IMC			0.906	0.083	**-0.115**	0.005
			<0.0001	0.0003	<0.0001	0.812
			1934	1924	1682	1899
WC				0.101	-0.101	0.077
				<0.0001	<0.0001	0.001
				1926	1684	1898
PiA					**0.058**	0.058
					0.017	0.017
					1683	1683
EI						-0.036
						0.138
						1672

Nota: os números estão organizados da seguinte forma: valor de r, valor de p, tamanho da amostra. MP proficiência motora; IMC índice de massa corporal; CC circunferência da cintura, PiA inatividade física, IE ingestão energética; APHV velocidade da altura da idade para o pico.

Tabela E3. Análises de regressão logística da DCPD e da ingestão de energia sobre o estado de excesso de peso ou obesidade em todas as crianças

	N	p-DCD	Consumo de energia	χ^2
Modelo 1	1929	4.11 (2.79, 6.04)*		54.4
Modelo 2	1687	4.62 (3.02, 7.09)*		60.4
Modelo 3	1675	4.26 (2.76, 6.56)*	0.87 (0.77, 0.98)*	69.3
Modelo 4	1675	4.27 (2.76, 6.62)*	0.87 (0.77, 0.98)*	69.5

*Excesso de peso ou obesidade (IMC≥21,48 kg/m² nos rapazes e ≥22,02 kg/m² nas raparigas). OR (IC 95%); EI transformado para EI/964,8 para tornar o OR mais interpretável. *Indica resultado estatisticamente significativo ($p < 0,05$). χ^2 indica razão de verossimilhança do modelo para covariáveis.*

Modelo 1: incluiu a DPC-p, o sexo e a residência. Não houve interação significativa entre p-DCD X sexo (p = 0,900).

Modelo 2: incluiu o Modelo 1 e a inatividade física.

Modelo 3: inclui o modelo 2 e a IE.

Modelo 4: incluiu o Modelo 3 e o estado de maturidade. Verificou-se uma interação significativa entre o sexo e o estado de maturidade (χ^2 ==119,8, $p < 0,0001$).

Printed by Books on Demand GmbH, Norderstedt / Germany